SOMMAIRE

PATRICK DUPOUEY
Professeur de philosophie au lycée Michelet de Lannemezan

ÉPISTÉMOLOGIE DE LA BIOLOGIE

La connaissance du vivant

ouvrage publié sous la direction de
Denis Huisman

ARMAND COLIN

Dans la même collection

Domaine philosophie

138. Jean-François Balaudé, *Les théories de la justice dans l'Antiquité*

176. Denis Huisman, *Histoire de l'existentialisme*

Édition : Bertrand Dreyfuss
Conception de couverture : Noémi Adda
Conception graphique intérieure : Agence Media

INTRODUCTION

L'homme ne pourra jamais jeter sur la vie le regard strictement objectif de la curiosité désintéressée. Il y est lui-même trop impliqué pour cela. La vie, d'emblée, se manifeste comme valeur. De la vie semblent procéder toute création, toute nouveauté, toute richesse, toute beauté. Autour de ce petit mot : *vie* ne cessent donc de cristalliser nos désirs, nos phobies, nos rêves, nos fantasmes, nos délires.

C'est que « le mot *vie*, dit Gaston Bachelard, est un mot magique. C'est un mot valorisé. Tout autre principe pâlit quand on peut invoquer un principe *vital* [...] ; la vie marque les substances qu'elle anime d'une *valeur* indiscutée. Quand une substance cesse d'être animée, elle perd quelque chose d'essentiel. Une matière qui quitte un être vivant perd des propriétés importantes[1] ». On aurait tort de limiter la fascination de la vie aux premiers âges (animistes et fétichistes) de l'humanité. Poursuivant son projet d'une « psychanalyse de la connaissance objective », Bachelard montre que la vie a longtemps joué le rôle d'un obstacle épistémologique dans la connaissance de l'univers inerte, par exemple vis-à-vis des sciences chimiques et physiques. Dépouillant la littérature spécialisée, l'auteur cite en exemple la croyance, largement partagée jusqu'à l'époque des Lumières, en la fécondité des mines : les gisements métallifères sont réputés se reproduire, « repousser » littéralement après avoir été exploités. Quelque quantité de minerai qu'on en tire, la masse disponible ne diminue pas. Les quantités extraites dépassent finalement le volume même de la montagne exploitée ! Ainsi se trouve conseillé pour les mines un procédé analogue aux jachères agricoles : en accordant aux mines un repos périodique, on assure le renouvellement indéfini des ressources. Il importe seulement de ne pas rouvrir prématurément l'exploitation, sous peine de n'y trouver que des minéraux inachevés, imparfaits. Et bien sûr, sont rapportés de nombreux cas d'ense-

1. Gaston Bachelard, *La Formation de l'esprit scientifique* (1938), chap. VIII.

mencement de mines épuisées, par apport de minerais extérieurs. Le texte qu'il cite (Pott, 1782) est particulièrement révélateur :

> Il n'y a point de doute que cette multiplication si abondante de fer provient de ce que le vieux fer qu'on met dans la terre se pourrit et se mêle avec le ferment séminal de la même minière étant délayée par les pluies ; de sorte que l'essence séminale du vieux fer étant dissoute et déliée des liens qui la tenaient enfermée, agit à peu près de même que les autres semences, attirant à soi comme un aimant, et changeant en sa propre nature l'air, l'eau et le sel de terre, qui se convertissent en fer par la suite des temps[2].

Aujourd'hui, nous ne croyons plus à la vitalité des mines. Mais un vitalisme venu du mode de pensée pré-scientifique se perpétue dans les croyances astrologiques et dans certains discours écologistes apparentés au *New Age*, qui attribuent à la Terre les propriétés d'un être vivant. Alors que triomphe le réductionnisme de la biologie moléculaire, le mot *vie* conserve quelque chose de ce caractère magique que soulignait Bachelard. Qu'on songe seulement au poids de cette notion dans le discours moral : « Tu ne tueras point. » Mais que signifient une condamnation de la peine de mort, de l'avortement ou de la consommation des animaux au nom d'un « droit à la vie », de la « valeur sacrée de la vie » ? Une salade ou une bactérie sont tout aussi vivantes qu'un homme, un embryon, ou un bœuf. Nous sacralisons la vie. Savons-nous seulement ce qu'elle est ?

2. *Ibid.*

1

DÉFINITION ET PROPRIÉTÉS DU VIVANT

1. LA VIE : UNE NOTION PROBLÉMATIQUE

« Il n'y a pas, dit Claude Bernard, à définir la vie en physiologie. Lorsqu'on parle de la vie, on se comprend à ce sujet sans difficulté, et c'est assez pour justifier l'emploi du terme d'une manière exempte d'équivoques[1]. » La notion de *vie* est une donnée élémentaire de l'expérience immédiate, et sans doute la distinction entre ce qui est vivant et ce qui ne l'est pas : l'inerte — ou ce qui ne l'est plus : le mort — s'est-elle imposée très tôt à l'observation humaine. Une fleur ou un cheval diffèrent sensiblement d'un nuage ou d'un caillou. La vie prend place sur l'échelle des réalités, au-dessus de la matière inerte, mais au-dessous du monde de l'esprit, dont l'homme fait partie ; c'est l'homme — parce qu'il est esprit — qui peut établir des frontières entre les êtres. Ces frontières définissent une hiérarchie de valeurs : on fait plus de cas d'un être vivant — surtout s'il est doué de sensibilité — que d'un simple objet ; mais n'importe quel homme — même le nouveau-né, même le dément, même le criminel — parce qu'il est un être spirituel (au moins en puissance), est une *personne*, et vaut plus que l'animal le plus remarquable ; parce que l'esprit — ici encore — peut seul poser des valeurs et les hiérarchiser. Kant note que l'homme, en tant que sujet moral, ne saurait avoir un *prix*, c'est-à-dire « être aussi bien remplacé par quelque chose d'autre, à titre d'*équivalent* », mais qu'on doit lui reconnaître une *dignité*[2]. Il existe en revanche un marché des êtres vivants : arbres, poissons exotiques et chevaux de course s'achètent à prix d'argent. Et puisque l'homme, par génie géné-

1. *Leçons sur les phénomènes de la vie communs aux animaux et aux végétaux.*
2. Emmanuel Kant, *Fondements de la métaphysique des mœurs*, Deuxième section.

tique, sait désormais modifier le vivant, un organisme peut faire l'objet — comme n'importe quelle invention — d'un brevet en bonne et due forme.

1.1 La question des frontières

Il est impossible d'énumérer toutes les espèces vivant à la surface de la Terre, mais on peut savoir où finit la matière inerte et où commence la vie. Cependant, la frontière ne se laisse pas toujours aisément tracer : les virus sont-ils vivants ? Quand, exactement, meurt-on ? Espèces, populations, écosystèmes, biosphère sont-ils eux-mêmes des vivants ? Certaines interrogations éthiques cruciales (IVG, utilisation de l'embryon à des fins expérimentales, euthanasie) portent sur ces zones d'indécision. John Locke avait déjà remarqué « qu'une idée claire, distincte et déterminée n'accompagne pas toujours l'usage d'un mot aussi connu que celui de vie[3] ».

Le droit, qui a aussi affaire à la matière organique, exige une définition précise. Le Conseil de l'Union européenne a adopté en 1994 la suivante : « Est réputée matière biologique [...] toute matière contenant une information génétique qui est autoreproductible ou reproductible dans un système biologique ».

1.2 Diversité des approches : décrire et comprendre

Il ne suffit pas de savoir *ce qui est vivant*. Il faut déterminer *ce que c'est qu'être vivant*. L'inventaire de certaines propriétés typiques fournit des critères d'appartenance à la biosphère. Mais on doit aussi chercher plus profondément l'explication ultime des propriétés ainsi répertoriées. La biologie interroge l'essence même du vivant pour comprendre la nature de ce qu'on appelle *vie* et en rendre raison.

La première caractéristique du vivant, c'est son incroyable diversité, dont la description incombe à l'histoire naturelle. *Histoire* a ici son sens étymologique. En grec, *historia* c'est l'exploration, l'enquête descriptive, mais sans aucune idée d'un temps qui s'écoule ni de chronologie. Au

3. John Locke, *Essai concernant l'entendement humain*, 1690, III, x, 22.

contraire, l'idée d'histoire naturelle vient d'une époque où l'on était persuadé que, dans la nature, rien ne changeait jamais. L'idée d'histoire naturelle est statique (ou synchronique), et non dynamique (ou diachronique). Les *Histoires naturelles* (Aristote, Pline, et même Lamarck : *Histoire naturelle des animaux sans vertèbres*) n'ont rien d'« historique », au sens actuel du terme. Elles consistent en de vastes descriptions statiques, menées dans un souci de classification, mais jamais pour mettre en évidence une évolution. La mise en ordre méthodique des vivants est une entreprise titanesque, qui a donné lieu à une discipline à part entière, la *taxonomie* (voir chap. 4.1).

La biologie est animée par un autre souci, issu de la médecine : comprendre le fonctionnement des organismes. À la Renaissance, c'est des médecins que vient le grand renouveau des études biologiques (Vésale, Fallope, d'Acquapendente, Césalpin). Morphologie, anatomie, physiologie, biochimie ont conduit à une connaissance de plus en plus fine des structures intimes du vivant et de leur fonctionnement.

Devenue moléculaire, la biologie s'est focalisée sur les dispositifs enfouis au plus profond de la machinerie organique, ceux-là mêmes qui fondent l'unité du vivant. Les biologistes sont des biochimistes avant d'être des naturalistes. Certains biologistes, tout en reconnaissant l'apport de la biologie moléculaire, déplorent ce déséquilibre. La préoccupation principale de la biologie ne relève plus de l'histoire naturelle, mais de ce qu'on appelait autrefois la *philosophie naturelle*, ou *philosophie biologique*, tournée vers l'explication rationnelle de la vie. L'histoire naturelle décrit, la philosophie naturelle veut comprendre. Mais aucune science n'accepte plus de figurer sous la bannière de la philosophie. Dès le début du XIXe siècle, on commence à parler de *biologie*. Le mot est employé simultanément en 1802 par l'Allemand Treviranus et par Lamarck, qui intitulera pourtant *Philosophie zoologique* son exposition du transformisme[4].

4. Sur cette double origine, voir Marc Klein, *Sur l'origine du vocable « biologie »* (Klein, 1980).

Le terme *biologie* désigne aujourd'hui l'ensemble des disciplines qui œuvrent à la connaissance rationnelle des phénomènes vivants. Le nom de certaines d'entre elles est connu du public : génétique, immunologie, écologie (ne pas confondre ces disciplines scientifiques avec les spécialités médicales, définies anatomiquement : cardiologie, ophtalmologie, neurologie). D'autres branches sont demeurées confidentielles : cytologie, endocrinologie, taxonomie. La paléontologie travaille aux frontières de la géologie et de l'étude de l'évolution des espèces, discipline curieusement privée d'appellation officielle. La *bioéthique* n'est en revanche pas du tout une science, et ne relève pas de la biologie[5].

2. Les propriétés du vivant

La vie se distingue par des propriétés caractéristiques, qu'il faut se garder de réduire précipitamment aux formes les plus familières des animaux « supérieurs », les mammifères vertébrés.

Ces propriétés de la vie sont strictement descriptives. Elles n'ont aucun titre scientifique. C'est au contraire parce que se présentent dans le monde des objets doués de ces propriétés que se constitue une biologie. Certaines sont des faits d'observation : nutrition, reproduction, mort. Mais l'unité ou la finalité des êtres vivants sont problématiques : on peut nier que ces propriétés leur appartiennent objectivement, et n'y voir qu'un point de vue que nous prenons sur les vivants. Par exemple, on peut demander à quel niveau se situe l'unité censée caractériser le vivant : à celui du gène, de la cellule, de l'organisme, de l'espèce, de la population ?

L'inventaire qui suit n'offre donc aucune réponse aux questions que pose la vie. Il dresse au contraire le programme des tâches à accomplir pour la connaissance du vivant[6].

5. Nous ne traiterons pas, dans ce livre, des questions que la vie pose à la morale et au droit. De nombreux ouvrages récents ont été consacrés aux problèmes de bioéthique (voir bibliographie).
6. Sur les différentes tentatives pour inventorier les propriétés du vivant, voir Anne Fagot-Largeault, « Le vivant » (in *Notions de philosophie*, sous la direction de Denis Kambouchner, Paris, Gallimard, coll. « Folio-Essais », tome 1).

2.1 L'individualité

« Ce qui n'est pas véritablement UN être, disait Leibniz, n'est pas non plus véritablement un ÊTRE[7]. » Un organisme présentant une unité, il y a des êtres vivants, alors qu'il n'y a pas au même degré d'êtres physiques ou chimiques. Par rapport à la matière inerte, la matière vivante représente en effet un certain progrès dans l'individuation. Un corps brut naturel peut souvent être divisé, brisé, sans que les parties de ce corps s'en trouvent modifiées. Isolé, un composant électronique d'ordinateur ne perd pas ses propriétés. L'unité d'un phénomène matériel peut même n'avoir de réalité que par rapport à l'observateur (l'arc-en-ciel). Tandis que les parties d'un organisme vivant ne survivent pas longtemps à une séparation d'avec le tout. Cette *individualité* fonde une *unicité*, une originalité : un être vivant n'est exactement identique à aucun de ses semblables. Elle est une *identité*, qui se manifeste de façon privilégiée dans le système immunitaire. Tous ces caractères s'accusent avec l'apparition de la conscience, notamment grâce à la mémoire : ils fondent la possibilité d'une personnalité humaine.

2.2 Une morphogenèse autonome

« Parmi les corps naturels, dit Aristote, les uns ont la vie, et les autres ne l'ont pas : et par "vie" nous entendons le fait de se nourrir, de grandir et de dépérir par soi-même[8]. »

L'être vivant est sujet à des modifications plus fréquentes et plus rapides que la matière inerte. Mais surtout, il est lui-même le principe des modifications qu'il subit, au lieu de les recevoir passivement de l'extérieur. Il a la capacité de changer, de se développer, de se mouvoir *de lui-même*. Certes, le milieu extérieur influe sur l'être vivant ; des changements du biotope peuvent favoriser, entraver, voire arrêter les processus organiques. Mais aucune modification ne détermine seule le

7. À Arnauld, 30 avril 1687.
8. Aristote, *De l'âme*, I, 2.

devenir de l'être vivant. Ce devenir n'est pas *indépendant* des circonstances extérieures, mais il en est relativement *autonome*. Cela va plus loin que la capacité de se développer selon un programme : le cerveau humain est capable, dans une certaine mesure, de construire ses propres programmes.

Les modifications n'affectent pas seulement les individus, au cours du processus de l'*ontogenèse* (du grec *on*, « être »). Les espèces évoluent avec le temps ; on parle de *phylogenèse* (*phulon*, « race »). L'évolution des espèces, pour n'être pas perceptible à l'échelle des durées humaines, n'en est pas moins un fait établi par de multiples preuves.

2.3 Les échanges avec le milieu

L'être vivant ne vit pas seulement *dans* son milieu, il échange sans cesse avec ce milieu et vit de cette relation. L'échange implique de la matière : l'animal se nourrit, il excrète, puis meurt et se décompose en restituant à l'environnement ses éléments constitutifs. Mais l'organisme échange aussi de l'énergie : la photosynthèse permet aux plantes de transformer l'énergie solaire. Il échange enfin de l'information : l'émission de phéromones permet aux insectes de communiquer ; en adoptant certaines postures et certains comportements, on décourage un prédateur ou on sollicite un partenaire sexuel. Dans cette interaction, certains vivants sont doués de certaines propriétés remarquables : sensibilité, locomotion, etc.

L'étude des relations que les êtres vivants entretiennent avec leur milieu — milieu qui inclut en particulier d'autres espèces vivantes — fait l'objet d'une discipline scientifique à part entière : l'*écologie*, qu'il convient de distinguer des mouvements politiques écologistes (voir chap. 2).

2.4 L'invariance

Les êtres vivants se rangent en catégories extrêmement diverses et nombreuses mais, à l'intérieur de chaque catégorie, on observe une ressemblance. Les individus présentent un caractère d'*invariance* morphologique. Cette propriété se manifeste sous deux aspects : l'invariance synchronique : à l'intérieur d'une classe (l'espèce) tous les individus sont semblables ; l'invariance diachronique : d'une génération à la suivante, les êtres vivants se *re*-produisent. Cette invariance n'est pas une identité : aucun être vivant n'est exactement *le même* ; c'est seulement une similitude.

2.5 La reproduction

L'invariance diachronique constitue l'une des propriétés les plus singulières du vivant : la reproduction. Nous n'avons guère l'idée de nous en étonner : il n'y a que les enfants pour demander comment se font les enfants ! Nous ne retrouvons nos capacités d'étonnement que devant les dysfonctionnements, les monstruosités de la nature : un mouton à cinq pattes a droit à sa photographie dans le journal. Mais le fonctionnement normal de la vie ne devrait-il pas nous intriguer davantage ? Qu'est-ce qui est le plus étonnant dans la reproduction : que des échecs surviennent de temps à autre, ou que, dans l'immense majorité des cas, deux êtres en s'associant parviennent à en créer un troisième qui leur est en tous points semblable tout en étant absolument différent ? Il ne faut certes pas en rester à l'étonnement, mais reconnaître avec Aristote que la capacité de s'étonner est le commencement de la connaissance.

2.6 La mort

Pas de reproduction sans mort ! Le mot *vie* recouvre l'ensemble des processus organiques, en même temps que la durée qui sépare la naissance de la mort.

La longévité des organismes est fonction de propriétés spécifiques. En revanche, s'il est possible d'assigner à l'ensemble de ce qui vit une origine datée, on ne saurait lui assigner *a priori* de fin prévisible. Toute vie meurt, mais la vie pourrait n'avoir d'autres limites que celle de l'univers qui lui a donné naissance.

2.7 L'organisation

Ce que la conception inaugure, ce que la mort détruit, ce n'est pas la *matière* de l'être, mais sa forme, c'est-à-dire son *organisation*. Les êtres vivants sont *organisés*, le vivant est *organisme*. *Organe* vient d'un mot grec qui signifie « outil » : l'organisme est un *système* de parties qui ne sont pas seulement juxtaposées mais qui concourent toutes à l'existence de l'ensemble au sein d'un certain milieu particulier :

> Dans un tel produit de la nature toute partie, tout de même qu'elle n'existe que *par* toutes les autres, est aussi conçue comme existant *pour* les autres parties et *pour* le tout, c'est-à-dire en tant qu'instrument (organe) [...] ; on la conçoit donc comme un organe *produisant* les autres parties et en conséquence chaque partie comme *produisant* les autres et réciproquement[9].

2.8 La finalité ou téléonomie

Toutes les parties d'un organisme, dit Cuvier, « concourent à la même action définitive ». Cette action n'est autre que l'*adaptation*, capacité de l'organisme à vivre et se reproduire au sein de son milieu. Mais « alors et pour cette raison, un tel produit, en tant qu'*être organisé* et *s'organisant lui-même*, peut être appelé une *fin naturelle*[10] ».

Un être vivant est toujours « fait pour » telle ou telle fonction. La truite est faite pour vivre en eaux vives et s'y nourrir d'autres organismes ; le zèbre pour se dissimuler dans la savane et échapper aux grands carnivores. Les êtres vivants, dit Jacques Monod, sont des « objets doués d'un projet ».

En grec, « but » se dit *télos*. D'où une série de termes techniques dans lesquels on exprime cette propriété des organismes. Jacques Monod propose d'appeler « téléonomie » cette particularité propre aux vivants de sembler répondre à un projet. Est *téléologique* l'étude des êtres considérés

9. Emmanuel Kant, *Critique de la faculté de juger*, § 65.
10. *Ibid.*

du point de vue de la finalité, et toute explication fondée sur le principe de finalité. La *téléologie* est l'étude rationnelle des fins.

Les performances téléonomiques des vivants sont à bien des égards stupéfiantes, et dépassent souvent de loin la technique humaine. Cette admiration a servi de tremplin à des réflexions apologétiques, et a souvent dégénéré en cet étonnement stupide que blâme Spinoza (*Éthique*, Partie I, Appendice). Le problème de la finalité sera développé au chap. 6.

La diversité des êtres vivants a une signification téléonomique à l'échelle de la biosphère, car elle possède une valeur adaptative. Les organismes ont colonisé la quasi-totalité des milieux, et se sont pliés aux conditions d'existence les plus différentes : on rencontre des micro-organismes jusqu'à 3 kilomètres de profondeur dans l'écorce terrestre ; certaines bactéries vivent à proximité des orifices volcaniques sous-marins, à des températures avoisinant 110° C. Comme si la vie avait cherché, en se diversifiant, à fonder plus solidement son implantation et à se prémunir contre de possibles bouleversements de ses conditions d'existence. Cette *biodiversité* n'est pas seulement la richesse pittoresque et bariolée du vivant. Elle est d'abord un réservoir génétique de possibilités offertes aux infinies recombinaisons de l'hérédité.

2

HISTOIRE NATURELLE ET ÉCOLOGIE

1. La classification

1.1 La vie : un monde mal connu

Les biologistes utilisent des termes rigoureusement définis pour désigner les ensembles au sein desquels viennent se ranger les vivants. On distingue par exemple les *règnes* végétal et animal ; à l'intérieur du second, l'*embranchement* des vertébrés comprend cinq *classes*, dont celle des mammifères, qu'on répartit en *ordres* ; et ainsi de suite : *familles*, *genres*, *espèces*, *sous-espèces* ou *races*. Chacune de ces unités s'appelle un *taxon*. La taxonomie (ou taxinomie) traite des questions relatives à la classification. Cette discipline reçoit quelquefois son ancien nom de *systématique*.

La notion d'*espèce* est centrale, car on peut la définir par un critère objectif : l'interfécondité. C'est au naturaliste suédois Linné (*Système de la nature*, 1758) qu'on doit la nomenclature binominale : les deux noms successifs correspondent au genre et à l'espèce ; on ajoute en général le nom de celui qui a décrit l'espèce ainsi que la date de première description. Par exemple, pour le faucheux : *Nemastoma bidentatum* Rœwer (1914).

Les astres qui peuplent l'univers sont mieux répertoriés que les habitants de notre planète. Nul ne connaît, même très approximativement, le nombre d'espèces vivant aujourd'hui sur la Terre : entre trois et quelques dizaines de millions, dont deux millions environ sont aujourd'hui identifiées. Les mammifères, presque exhaustivement recensés, n'en représentent qu'une infime partie (4 000 espèces) ; on connaît assez bien les oiseaux (9 000 espèces). Mais on évalue à un million et demi le nombre d'espèces de champignons, dont moins de 70 000 sont répertoriées. Les taxonomistes ont recensé environ 900 000 espèces d'insectes, mais les évaluations oscillent entre 3 et 70 millions ! Le corps humain héberge quelques 400 espèces de bactéries ! Quant au nombre des espèces éteintes, il pourrait atteindre un demi-milliard. De telles estimations, fruits d'extrapolations hasardeuses, sont toutefois incertaines.

Les vertébrés ne représentent qu'un très petit fragment de la biomasse terrestre. Nous devons ici aussi nous garder de l'illusion anthropomorphique. Cinéma, bande dessinée, publicité mettent en scène des animaux auxquels nous dispensons affection, compassion, protection. Il n'est que de voir l'intérêt que nous portons à un animal pourtant assez différent de l'homme, comme le dauphin, et la facilité avec laquelle on se mobilise pour la sauvegarde des cétacés. Il n'est pas indifférent que l'emblème d'une organisation internationale de protection de la faune soit aujourd'hui le panda, plutôt qu'un ver plat ou un hyménoptère. La disparition de l'ours des Pyrénées a donné lieu à de beaux combats écologiques. Les grands mammifères ont certes de la chance qu'on s'intéresse autant à leur sort — quoiqu'ils payent cet engouement de l'enfermement dans des zoos — mais il n'est nullement prouvé qu'une foule d'autres espèces, moins intéressantes parce que plus petites, moins bien répertoriées, ne représentent à terme un enjeu écologique plus considérable que l'ours des Pyrénées.

1.2 Critères et méthodes de classification

Toute classification suppose des critères. On peut ranger les objets selon l'usage que compte en faire l'auteur de la classification (les livres d'une bibliothèque par ordre alphabétique ou de taille ; les champignons selon la comestibilité). Une telle classification est « subjective » : les critères reflètent l'intérêt du sujet. Une classification « objective » doit répondre à la nature même des objets étudiés (les livres par genres ; les étudiants selon leur spécialité). Cette classification est naturelle, tandis que la première est artificielle et arbitraire.

La classification biologique, visant à la connaissance scientifique et non à l'usage pratique, doit répondre à des critères objectifs. Tout le problème est de déterminer ces critères. Aucune classification scientifique ne peut s'en tenir aux caractères les plus manifestes, ceux qui apparaissent à une inspection externe de l'être vivant : en dépit d'un aspect similaire, le requin et le dauphin sont assez éloignés ; le dauphin est plus proche de l'homme ou du chien que du requin. On choisit en général des caractères suffisamment importants, c'est-à-dire corrélés à d'autres, en vertu de certaines régularités observées pour l'ensemble des vivants. Ces régularités ont été étudiées par Georges Cuvier (1769-1832) sous le nom de « loi de corrélation des formes », ainsi que par Etienne Geoffroy Saint-Hilaire, qui parlait de « connexions organiques ». Cuvier écrit :

> Tout être organisé forme un ensemble, un système unique et clos, dont les parties se correspondent mutuellement, et concourent à la même action définitive par une réaction réciproque. Aucune de ces parties ne peut changer sans que les autres ne changent aussi, et par conséquent chacune d'elles, prise séparément, indique et donne toutes les autres.

Un appareil digestif qui assimile des viandes fraîches suppose des dents propres à les déchirer, des griffes pour saisir la proie, des membres adaptés à la poursuite, des organes sensoriels permettant de détecter cette proie. Si l'animal doit capturer et porter sa proie, ses muscles devront posséder une certaine puissance (donc une taille suffisante), ce qui modifiera la forme et la dimension des os sur lesquels ces muscles sont attachés, et ainsi de suite. Cette loi permet la déduction, à partir d'éléments disponibles d'un organisme (par exemple des fragments de son squelette), des éléments manquants, et donc la reconstitution de l'organisme entier. On teste la validité des déductions en s'exerçant à reconstituer des animaux existants, avant de se lancer dans la reconstitution d'animaux disparus, comme le fit avec succès Cuvier lui-même.

Les enjeux de la taxonomie dépassent la science biologique. Prenons l'exemple des difficultés inhérentes à la notion de sous-espèce. Il est banal d'identifier au sein de l'humanité des « races » distinctes (blanche, noire, jaune...). Mais, outre que certains groupes ethniques désignés comme « races » n'ont aucun fondement biologique (les Juifs), on peut se demander si la notion de *race* est même biologiquement pertinente. La répartition des membres d'une espèce en sous-espèces exige qu'on dresse la carte de leurs différences morphologiques. Casse-tête insoluble, car toutes les différences morphologiques ne coïncident pas : les groupes sanguins peuvent se moquer de la couleur de la peau. La puissance des ordinateurs permet aujourd'hui l'analyse multidimensionnelle de vastes populations, analyse qui fait apparaître l'extrême précarité des subdivisions qu'on pourrait être tenté d'introduire au sein d'espèces dont les populations varient en tous sens.

En ce qui concerne l'homme, c'est une erreur de parler de « race humaine ». L'humanité est une espèce.

1.3 Systématique et évolution

Ce sont des problèmes de classification qui amènent Lamarck à concevoir son transformisme. Il nie que les espèces constituent des entités objectives séparées par des frontières nettes. « L'univers, disait Diderot, ne nous offre que des êtres particuliers, infinis en nombre, et sans presque aucune division fixe et déterminée [...] ; tout s'y enchaîne et s'y succède par des nuances insensibles[1]. » Lamarck pense que la découverte de formes vivantes encore inconnues viendra combler les vides apparents entre les espèces, et qu'apparaîtra toujours mieux la continuité :

> [...] parmi ses productions, la nature n'a réellement formé ni classes, ni ordres, ni familles, ni genres, ni espèces constantes, mais seulement des individus qui se succèdent les uns aux autres, et qui ressemblent à ceux qui les ont produits. Or, ces individus appartiennent à des races infiniment diversifiées, qui se nuancent sous toutes les formes et dans tous les degrés d'organisation[2].

Conception *nominaliste*, qui réduit les taxons à de simples dénominations, reçues pour leur commodité ; J.B.S. Haldane verra dans le concept d'espèce « une concession à nos habitudes linguistiques et à nos méca-

1. Denis Diderot, *Encyclopédie*, article « Encyclopédie ».
2. Jean-Baptiste de Lamarck, *Philosophie zoologique*, I.

nismes neurologiques ». À l'inverse, une conception *réaliste* tient les catégories de la nomenclature pour autant de réalités formées par la nature : selon Ernst Mayr, « les espèces sont le produit de l'évolution, et non de l'esprit humain[3] ».

Lamarck voit dans la généalogie des êtres vivants la clef d'une taxonomie enfin objective. « Pour être naturelle, dira Charles Darwin, une classification doit être généalogique. » Avant de recevoir l'appui de la génétique, la théorie darwinienne s'est imposée par sa capacité à intégrer : 1) les données de l'anatomie comparée, qui montrent que les êtres vivants sont construits à partir d'un petit nombre de plans d'organisation ; 2) la hiérarchie linnéenne des taxons. La nomenclature reproduit sur le plan synchronique le processus évolutif (diachronique) des espèces vivantes.

On appelle *phylogénétique* la tentative pour reconstituer, en se fondant sur les homologies, les arbres généalogiques des espèces vivantes. Un arbre généalogique représente les groupes phylétiques comme autant d'embranchements dichotomiques ramifiés dans la dimension du temps. Mais la détermination des dichotomies pertinentes reste un problème majeur. Quelles règles le jeu de construction phylogénétique doit-il adopter ? Il est pour l'instant impossible de répondre précisément, et plusieurs méthodes continuent d'être proposées.

2. L'ÉCOLOGIE

Avant d'être un mouvement politique, l'écologie constitue une discipline scientifique, définie en 1866 par Ernst Hæckel : « science globale des relations des organismes avec leur monde extérieur environnant dans lequel nous incluons, au sens large, toutes les conditions d'existence ». Cette science commence à peine aujourd'hui sa vie adulte. Elle a bien sûr besoin de la systématique pour mieux connaître les milieux, car l'environnement d'un être vivant en comprend une multitude d'autres, mais aussi

3. Sur cette question de la valeur objective des classifications, voir Stephen Jay Gould, *Le Pouce du panda*, Paris, Grasset, 1982, chap. 20. Gould emprunte une voie originale : la comparaison entre classifications scientifiques et dénominations populaires des êtres vivants.

des autres branches de la biologie. L'écologie requiert la physique et la chimie pour évaluer les relations entre biomasses et flux bio-énergétiques (ainsi que les effets de la pollution !) ; les mathématiques pour simuler (au moyen du calcul informatique) l'évolution des équilibres.

Pour le grand public, l'idée d'écologie renvoie à un souci politique. Nul n'ignore que la technique humaine produit, au sein de la biosphère, d'immenses effets. Il n'y a plus, à la surface du globe, une seule parcelle de nature « naturelle ». Il ne suffit pas de parler de pollution, c'est-à-dire des nuisances induites par la négligence ou la poursuite aveugle du profit dans la dispersion des déchets (pollution chimique, nucléaire, sonore, lumineuse, thermique, etc.). Ou alors, il faut aussi appeler « pollution » certains effets indirects des moyens qu'utilise l'homme pour améliorer son milieu.

C'est le sens du débat sur les biotechnologies, et aujourd'hui sur les organismes transgéniques. Outre les espoirs qu'ils autorisent dans les graves questions qui se posent aujourd'hui à l'humanité (lutte contre la faim et les maladies), ils représentent une possibilité d'accroître la biodiversité. Mais il est difficile de prévoir l'incidence sur les milieux naturels de la dissémination de tels organismes. La question, ici, n'est pas morale ou philosophique : l'homme a-t-il le droit de modifier la nature d'un vivant ? mais technique : quels effets doit-il attendre d'une telle modification ? Une réponse technique est donc attendue, qu'apporteront à plus ou moins long terme des moyens techniques : modèles théoriques plus précis du polymorphisme génétique et des relations entre espèces, instruments mathématiques d'études biométriques et populationnelles ; systèmes d'observation et de surveillance physique ou chimique, moyens informatiques.

Il s'agit donc pour l'homme de maintenir la possibilité d'une vie réellement humaine. Le souci écologique n'a rien à voir avec une inquiétude pour la nature *en tant que telle*. On se paye de mots quand on argue de l'intérêt supérieur de la nature ou de la vie. S'il ne faut considérer que le salut de la nature — ou même, plus modestement, de notre planète — qu'importent l'ours des Pyrénées, le grand panda ou les baleines ! La vie en a vu d'autres ! La collision avec l'astéroïde qui a probablement déterminé la grande extinction du crétacé, où disparurent les dinosaures, a libéré une énergie des milliers de fois supérieures à la puissance de l'arsenal nucléaire mondial. La grande extinction du permien (il y a 225 millions d'années) aurait emporté près de 95 % des espèces vivantes. La Terre et la vie y ont survécu. La disparition même de l'homme, épiphénomène intéressant mais marginal de l'évolution, n'affecterait ni la nature, ni la vie. Seulement voilà, si l'homme n'est rien au regard de la vie, il est tout pour lui-même, et il a besoin d'un environnement où il puisse vivre, d'une vie humaine. Rien n'est plus urgent que d'en prendre conscience et de s'atteler à la tâche.

L'écologie est — et sera de plus en plus — le lieu de débats aussi cruciaux que périlleux. Fuir ces débats, c'est à coup sûr s'aveugler sur quelques-uns des risques majeurs que court aujourd'hui l'humanité. Mais, en constatant que ces risques procèdent d'un projet scientifique et technique de maîtrise de la nature, la pensée écologique court un autre risque : céder à un nouvel obscurantisme. Deux erreurs : croire que la « technoscience » produira d'elle-même (sans intervention politique) les remèdes aux maux qu'elle suscite ; croire que ces remèdes passent par la décision politique d'abandonner science et technique.

On connaît le fameux mot d'ordre cartésien du *Discours de la méthode* : « nous rendre comme maîtres et possesseurs de la nature ». Cette attitude humaniste et anthropocentriste est-elle responsable du désastre écologique ? C'est tout le contraire : l'état déplorable de la planète ne vient pas du principe de sa maîtrise et possession par l'homme, mais de ce que cette maîtrise a été mal assurée : nous n'avons rien maîtrisé du tout. La faute n'en revient pas à la rationalité, mais à un déficit de rationalité dans la gestion humaine. La prétendue « rationalité économique » — en fait la loi du profit — est foncièrement antirationnelle. Ce n'est pas *contre* Descartes, mais *avec* lui qu'il faut mener le combat pour la sauvegarde de l'environnement : construire les conditions d'une meilleure maîtrise, et donc d'une meilleure connaissance scientifique des rapports de l'homme et de son environnement.

Luc Ferry[4] a montré les dangers de l'*écologie profonde*, venue des États-Unis, qui affirme la valeur *en soi* de la biosphère : l'homme, partie de la nature, n'aurait de droit et de valeur que par rapport à elle ; la nature devient, en tant que telle, sujet de droit. Mais l'éthique des droits de l'homme n'est pensable que dans la perspective moderne, anthropocentriste, de l'opposition de l'homme et de la nature. Baudelaire, dans l'« Éloge du maquillage[5] », a écrit là-dessus des pages très fortes. Il n'y a de droits de l'homme qu'à partir du moment où l'homme se pose en sujet de droit (les Lumières, 1789) et affirme que ses droits sont indépendants de son inscription nationale, ethnique, confessionnelle. Face à cet « humanisme abstrait » se dresse le romantisme contre-révolutionnaire (Barrès) qui fonde les droits de l'homme dans la communauté à laquelle il appartient concrètement. Venue du romantisme allemand, la sacralisation de la nature a nourri l'idéologie nazie. Le national-socialisme prônait une conception naturaliste de la culture (enracinement dans le sol) par rapport à laquelle le Juif était avant tout le déraciné, l'apatride, le cosmopolite. Le culte de la pureté, de la sauvagerie, de l'instinct procède de cette idolâtrie de la nature.

4. Luc Ferry, *Le Nouvel ordre écologique*, Paris, Grasset, 1992.
5. Charles Baudelaire dans *Curiosités esthétiques*, XV : « Le peintre de la vie moderne », XI.

3

LA NATURE DE LA VIE

L'interrogation sur le vivant est aussi vieille que la pensée rationnelle, et commence avec les penseurs présocratiques (VIe-Ve siècle av. J.-C.). Les « physiciens » de l'école de Milet (Thalès, Anaximandre, Anaximène), les atomistes matérialistes (Démocrite), mais aussi Héraclite, Anaxagore, Empédocle réservent aux questions biologiques une place de choix, mais la connaissance du vivant ne se constitue pas en discipline autonome. Les indications qui suivent ne prétendent pas constituer une histoire — même sommaire — de la biologie. Pour une telle histoire, on se reportera à quelques excellents ouvrages, tels ceux de François Jacob (*La Logique du vivant*), d'Ernst Mayr (*Histoire de la biologie*) ou d'André Pichot (*Histoire de la notion de vie*).

1. Le mécanisme et la finalité

La connaissance du vivant hésite, selon les époques, entre plusieurs paradigmes. Le *mécanisme* considère le vivant comme soumis au même déterminisme naturel que la matière inerte. Très tôt, le mécanisme s'incarne dans l'atomisme matérialiste de Leucippe et Démocrite (Ve siècle av. J.-C.), que prolongeront Épicure (384-322) et Lucrèce (94-55). Le mécanisme suppose la matière dépourvue de toute vie : les atomes, par exemple, ne sont pas vivants. Chez Thalès ou Héraclite, les éléments matériels (eau, feu) ont déjà quelque chose de vivant. Le mécanisme strict n'est pas compatible avec l'*hylozoïsme* (du grec *hylè* : « matière » et *zôon* : « être vivant »). Cet hylozoïsme passera dans les doctrines modernes (Leibniz, Diderot) par le stoïcisme et le néo-platonisme (Plotin).

Mais le mécanisme est-il suffisant ? Ne faut-il pas recourir, pour comprendre le vivant, à un principe de *finalité* ? Par exemple, la digestion s'explique-t-elle entièrement par le fait que l'animal est pourvu de dents et d'un estomac ? Ne faut-il pas évoquer la fonction vitale que remplit la digestion (par exemple maintenir la température du corps) ? La connaissance du vivant ne peut alors être que *téléologique*.

La finalité n'exclut pas le déterminisme, mais l'implique : comment la fin pourrait-elle être atteinte, sinon par l'intermédiaire des lois qui régissent la matière ? Les lois seules permettent de comprendre les rapports qui unissent les moyens aux fins. Que nous ayons des yeux *pour* voir ne dispense pas d'expliquer *comment* nous voyons. Le problème n'est pas de savoir si c'est le mécanisme *ou bien* la finalité qui est à l'œuvre dans le vivant, mais si le mécanisme suffit ou bien s'il faut lui adjoindre un ordre supérieur de causalité (finaliste).

2. L'ANIMISME

2.1 Aristote et l'âme du vivant

La biologie commence, avec Aristote, comme science des « corps animés » ; en grec : *empsycha somata*. L'*animal*, c'est l'être pourvu d'une *âme*. L'âme, pour Aristote, n'est nullement un privilège humain, c'est le principe explicatif de tous les vivants. En latin, *anima* désigne le souffle vital, qu'exhale le mourant qui rend son « dernier soupir » (ne pas confondre avec *animus* : l'« esprit », en un sens moins matériel, plus intellectuel). *Anima*, c'est l'*âme* — en grec *psychè* —, le « souffle rafraîchissant ». Dans l'Ancien Testament, c'est le souffle (*ruah*) de Dieu qui crée la vie : « Il insuffla dans ses narines l'haleine de vie, et l'homme devint un être vivant » (Genèse, 2, 7). C'est parfois le vent qui représente cet Esprit divin.

Il faut exclure ici la connotation spiritualiste introduite par le christianisme et la croyance en une âme substantielle, donc immortelle. L'âme est ce qui assure l'accomplissement de toutes les fonctions du vivant, depuis la « végétation » (le fait de pousser et de croître), jusqu'à l'intellection, en passant par la sensibilité, la locomotion, la reproduction.

L'âme n'est pas (comme chez Platon[1]) une réalité distincte du corps, elle en est la forme. C'est cette forme qui se conserve dans la reproduction. Dans la matière seule, la vie n'est qu'en puissance. L'âme lui confère une existence en acte. L'âme n'est pas le vivant, qui viendrait habiter du dehors une matière inerte, car le vivant, c'est l'unité de la matière et de l'âme qui l'informe. Cette âme ne jouit d'aucune existence indépendante du corps dont elle est la forme ; elle ne possède rien en propre, et tout ce qui l'affecte affecte le corps — y compris la mort : l'âme ne survit pas à la destruction de l'organisme.

L'âme végétative (et nutritive) est faculté de croître et de se reproduire ; l'âme sensitive (et motrice) est le siège des sensations, des appétits et du mouvement. Quant à l'âme intellective ou raisonnable, elle fonde l'aptitude spécifiquement humaine à la pensée pure. Ces différents niveaux assument donc des fonctions distinctes, dans une gradation ascendante que l'on suit sur l'échelle des êtres, de la plante à l'homme.

2.2 Sens et portée de l'animisme aristotélicien

On a exagéré les mérites d'Aristote biologiste. Certes, il s'appuie sur un corps d'observations systématiques sans précédent (en anatomie comparée, en physiologie, embryologie) et, avec l'*Histoire des animaux*, naît la grande tradition descriptive et comparative de l'histoire naturelle, qu'illustreront Linné, Buffon, Lamarck et Darwin. Mais ses écrits sont encombrés d'affirmations plutôt imprudentes, voire des plus sombres préjugés de son temps (à l'égard des femmes, en particulier). On ne peut toutefois lui reprocher de s'en tenir à un animisme naïf. À travers la notion d'âme, c'est l'irréductible spécificité du vivant qu'il tente de penser. Les intuitions atomistiques semblent anticiper davantage l'inspiration de notre biologie moléculaire. Mais, à cette époque, ce sont des spéculations métaphysiques sans prolongement dans l'observation ou dans l'expérience. En unifiant l'univers sous le régime d'un mécanisme

1. Il reste que, chez Platon déjà, un vivant est « cet ensemble, une âme et un corps fixé à elle » (*Phèdre*, 246*c*). Voir aussi *Timée*, 42*e* - 43*a*.

universel, l'atomisme encourt le reproche de manquer l'originalité du vivant, que la notion d'âme sert à penser. Inversement, on a pu faire grief à Aristote de privilégier le modèle biologique pour rendre compte du monde physique.

L'animisme aristotélicien dominera la pensée biologique jusqu'à la Renaissance. Ce n'est pas de l'étude des vivants que viendra le changement, mais principalement de la révolution dans la physique et l'astronomie (XVIIe siècle). Un nouveau mode d'explication des phénomènes se met en place, qui privilégie le point de vue mécanique.

3. Le mécanisme

3.1 Les « animaux-machines »

En 1628, William Harvey décrit pour la première fois la circulation sanguine (*Du mouvement du cœur et du sang chez les animaux*). Le fonctionnement du système vasculaire s'analyse en termes de volumes, de débits, de pressions. Alain définit le mécanisme comme « cette doctrine de l'univers d'après laquelle tous les changements sont des mouvements ». Une explication mécaniste du vivant ne fait intervenir que des mouvements de matière, selon les lois qui s'appliquent au monde physique.

Descartes résume ce projet dans les dernières lignes du *Traité de l'homme* :

> Je désire, dis-je, que vous considériez que ces fonctions suivent toutes naturellement, en cette machine, de la seule disposition de ses organes, ni plus ni moins que font les mouvements d'une horloge, ou autre automate, de celle de ses contrepoids et de ses roues ; en sorte qu'il ne faut point à leur occasion concevoir en elle aucune autre âme végétative, ni sensitive, ni aucun autre principe de mouvement et de vie, que son sang et ses esprits, agités par la chaleur du feu qui brûle continuellement dans son cœur, et qui n'est point d'autre nature que tous les feux qui sont dans les corps inanimés.

La cinquième partie du *Discours de la méthode* (1637) reprendra cette conception dans la fameuse théorie des « animaux-machines ».

Penser l'organisme à partir des produits de la technique humaine : l'idée n'est pas spécialement cartésienne. On la trouve déjà chez Aristote. Mais à l'âme, source du mouvement, on substitue une cause non psychique : un feu matériel. Il n'y a plus aucune rupture qualitative du monde vivant à l'univers inerte, et la biologie — mais Descartes n'utilise jamais ce terme — n'est qu'un appendice de la physique.

Descartes a été accusé d'anthropomorphisme parce qu'il cherchait à comprendre l'animal à partir « des horloges, des fontaines artificielles, des moulins, et autres semblables machines, qui n'étant faites que par des hommes, ne laissent pas d'avoir la force de se mouvoir d'elles-mêmes en plusieurs diverses façons » (*Discours de la méthode*, V). Mais l'anthropomorphisme est au contraire dans l'humanisation de l'animal, qui part des ressemblances superficielles avec l'homme pour conclure à une similitude de nature ; nous n'avons que trop tendance à élever l'animal au-dessus de sa vraie nature. N'y voir qu'une mécanique, c'est, pour Descartes, nettoyer la connaissance du vivant des illusions nées de notre relation intime avec lui. Marx observe que la mécanisation de l'animal est contemporaine de l'âge des manufactures, où l'animal devient un moyen de production parmi d'autres, un simple instrument, privé de son statut de compagnon de l'homme (agriculteur ou artisan). Contrairement à ce qu'on affirme quelquefois, Descartes ne renonce pas à l'idée de vie, et ne tient pas les animaux pour incapables de sentir : « Je ne refuse la vie à aucun animal, car je crois qu'elle consiste dans la seule chaleur du cœur ; je ne lui refuse même pas la sensibilité, dans la mesure où elle dépend d'un organe corporel[2]. »

Descartes exprime aussi un point de vue chrétien en séparant l'homme de l'animal. La mécanisation du vivant a pour contrepartie l'affirmation de la transcendance de l'homme par rapport à la nature. Doués d'une âme spirituelle qui n'assume plus aucune fonction biologique, les hommes sont voués à devenir « comme maîtres et possesseurs de la nature », une nature dont les bêtes font partie. Ces dernières ne participent point de la même vie spirituelle que nous, ce dont témoigne leur incapacité à tenir un

2. Lettre à Morus, du 5 février 1649.

discours doué de sens. Nous avons donc le droit de les utiliser pour nos fins techniques. Cette conception a durablement marqué pour le meilleur et pour le pire, le rapport que notre civilisation scientifique et technique entretient avec les animaux.

3.2 Les difficultés du mécanisme

On peut admettre le principe d'un fonctionnement strictement mécanique des organismes. Mais en va-t-il de même de leur formation ? Une machine ne se crée pas elle-même, et ce n'est pas une causalité mécanique qui préside à la conception et à la réalisation des machines que l'homme utilise. Un mécanisme, aveugle par définition, ne saurait viser la moindre fin. Or, la finalité est une propriété essentielle des vivants, dont le mécanisme ne semble pas en mesure de rendre compte. Il n'est pas facile de penser que la même logique (mécanique) préside au fonctionnement des êtres vivants et à leur formation. Comment penser mécaniquement la formation d'un organisme ?

Fontenelle oppose aux cartésiens l'objection de la reproduction :

> Vous dites, écrit Fontenelle, que les Bêtes sont des Machines aussi bien que des Montres ? Mais mettez une Machine de Chien et une Machine de Chienne l'une près de l'autre, il en pourra résulter une troisième petite machine, au lieu que deux Montres seront l'une à côté de l'autre toute leur vie, sans jamais faire une troisième Montre[3].

« La seule génération des corps vivants et organisés, dira Rousseau, est l'abîme de l'esprit humain. » Comment Descartes, qui a congédié toute finalité de sa physique, résout-il la difficulté ? Par l'intervention créatrice de Dieu (*Machine et organisme*, Canguilhem, 1965, p. 113). La *Méditation VI* parle de « la machine du corps humain comme ayant été formée de Dieu pour avoir en soi tous les mouvements qui ont coutume d'y être ». La conception cartésienne serait donc moins *mécaniste* que *machinique*, et resterait prisonnière d'une métaphore technique qui implique la

3. Bernard de Fontenelle, *Lettres galantes*, 1685.

finalité[4]. Mais ce n'est là qu'un point de vue provisoire sur le vivant, qu'impose l'insuffisance de nos connaissances. Cette insuffisance, Descartes est le premier à l'avouer dans le *Discours de la méthode* :

> De la description des corps inanimés et des plantes, je passai à celle des animaux, et particulièrement à celle des hommes. Mais, pour ce que je n'en avais pas encore assez de connaissances pour en parler du même style que du reste [la matière inanimée], c'est-à-dire en démontrant les effets par les causes, et faisant voir de quelles semences et en quelle façon la nature les doit produire, je me contentai de supposer que Dieu formât le corps d'un homme entièrement semblable à l'un des nôtres.

De même qu'il y a chez Descartes une « morale par provision », sa physiologie est une « biologie par provision ». Cette physiologie n'est pas encore l'expression parfaite du mécanisme cartésien, qui trouve son achèvement dans l'embryologie (*La Description du corps humain*). Lorsqu'il fait la théorie du développement de l'organisme, Descartes s'en tient scrupuleusement au paradigme mécaniste ; rien n'est expliqué que « par figure et mouvement », c'est-à-dire par des déplacements de particules :

> Si on connaissait bien quelles sont toutes les parties de la semence de quelque espèce d'animal en particulier, par exemple l'homme, on pourrait déduire de cela seul, par des raisons entièrement mathématiques et certaines, toute la figure et conformation de chacun de ses membres[5].

Une hypothèse assez étrange (absente chez Descartes) servira bientôt de solution mécaniste au problème de la génération : la théorie de la *préformation*. Il faut supposer que n'importe quel germe d'un être vivant contient, préfabriqués et logés les uns dans les autres, à la manière des poupées russes, tous les germes successifs des générations futures. Cette théorie des « germes emboîtés » suppose évidemment la matière divisible à l'infini, mais c'est une thèse dont justement le mécanisme (par exemple chez Descartes) s'accommode bien. Dans le cas de l'homme, ces germes

4. La distinction mécanisme / machinisme est proposée par André Pichot, qui en fait un fil conducteur de son *Histoire de la notion de vie*, Paris, Gallimard, coll. « Tel », 1993, p. 344.
5. René Descartes, *La Description du corps humain*.

emboîtés portent le nom d'*homoncules* (petits hommes). Au XVIIIe siècle, Malpighi, Bonnet, von Haller soutinrent la thèse de la préformation contre les tenants de l'*épigenèse*, qui prétendaient que l'embryon se constituait par addition de parties nouvelles, dont rien ne préexistait au sein des structures du germe.

Aristote biologisait l'ensemble de la nature ; Descartes fait disparaître la vie dans l'immense mécanisme du monde. La première loi physique de l'univers est le principe d'inertie (que Descartes fut le premier à formuler) : et qu'est-ce que l'inertie sinon l'absence de vie ? Rien, dans cet univers matériel, n'est par soi vivant, au sens qu'Aristote donnait à ce mot : « le fait de se nourrir, de grandir et de dépérir *par soi-même* ». Il ne saurait y avoir, pour Descartes, de biologie proprement dite. Le mécanisme cartésien retrouve l'inspiration atomiste de l'Antiquité, au moins par ce souci d'unification de la nature. Mais on peut se demander s'il rend justice à la spécificité du vivant. Par ailleurs, à la lumière des progrès ultérieurs de la biologie, les spéculations cartésiennes nous paraissent aussi peu recevables que le « beau roman » de sa physique. Et pourtant, ces progrès s'inspirent directement du programme cartésien. Expliquer les phénomènes biologiques par l'action mécanique de structures cachées, c'est exactement l'intention de la biologie moléculaire, et une telle démarche est cartésienne. Jacques Monod ne manque pas une occasion de répéter que le fonctionnement de la « machine cellulaire » est cartésien.

Des difficultés du mécanisme va surgir, par contrecoup, un modèle différent d'explication, qui va tenter de rendre à la vie sa spécificité. Ce qui exige, d'une part, de marquer la distance avec le fonctionnement mécanique de l'univers inerte, d'autre part de se passer des services d'une transcendance divine. On appelle *vitalisme* cette conception qui, par un mouvement de balancier dont elle est coutumière, va ramener la pensée biologique du mécanisme vers l'inspiration animiste de l'aristotélisme. Il est assez significatif que la France, berceau du mécanisme cartésien, ait constitué le principal foyer de la réaction vitaliste.

4. Le vitalisme

4.1 Définition

Est vitaliste toute conception qui admet l'existence d'un principe vital distinct de la matière et de ses lois. Le vitalisme affirme une différence essentielle, de nature et non seulement de degré, entre le vivant et l'inerte. Deux réflexions de Kant en définissent l'esprit général :

> Un corps organique présuppose un principe organique extérieur ou intérieur. Celui-ci doit être simple ; sinon, il aurait lui-même besoin d'une organisation. Or, en tant que simple, il ne peut être une partie de la matière, car toute partie de la matière est toujours composée. Aussi le principe organisant du corps organique doit-il être en dehors de l'espace[6].

> La simple matière est inerte et sans vie ; donc l'être étendu qui est en vie (l'animal) a en soi de la matière plus un principe particulier de vie, immatériel[7].

Le vitaliste part d'une observation : l'action des éléments extérieurs sur l'être vivant semble plutôt désorganisatrice qu'organisatrice. L'expérience que nous avons de la réalité physique nous la montre toujours menacée par un accroissement du désordre, et fait apparaître l'ordre comme le résultat d'une intervention extérieure à la matière. Kant fait observer qu'une figure géométrique régulière (par exemple un hexagone) ne saurait s'inscrire dans le sable par le seul jeu des facteurs naturels (le vent, les vagues) ; nous y voyons l'œuvre d'un esprit doué de raison[8].

Le second principe de la thermodynamique exprime cette tendance de la matière au désordre : si la quantité d'énergie d'un système physique isolé reste constante, la qualité de cette énergie se dégrade ; par exemple, de l'énergie mécanique ou électrique se convertit en chaleur. Le système évolue vers un état d'équilibre au niveau d'*entropie* maximum. L'entropie croissante correspond à des faits banals de l'expérience quotidienne : si

6. Emmanuel Kant, *Opus posthumum*, II, 295.
7. *Réflexion 4435*, citée par Gérard Lebrun, *Kant et la fin de la métaphysique*, p. 456.
8. Emmanuel Kant, *Critique de la faculté de juger*, § 64.

l'on rajoute de l'eau chaude, la température du bain devient homogène ; si je n'entreprends pas d'y *mettre* bon ordre, mon bureau tend vers un désordre croissant.

L'organisation des vivants, si elle explique les fonctions vitales, doit elle-même être expliquée, dans sa capacité à se maintenir comme structure d'ordre au sein de l'univers : non seulement se maintenir, mais se créer, car la machine vivante croît et fabrique les constituants nécessaires à son propre fonctionnement (métabolisme) ; elle se répare (cicatrisation, régénération), même si elle finit toujours par mourir. « La vie, déclare Claude Bernard, c'est la création. » L'organisme a à exister au sein d'un milieu *a priori* indifférent aux exigences de la vie, et potentiellement destructeur. Il lui faut donc un principe unificateur, stabilisateur. Le vitalisme suppose au sein du vivant une force organisatrice, principe de résistance interne à la destruction. Ainsi Gœthe définit la vie : « la force productrice contre l'action des éléments extérieurs ». Cuvier : « la force qui résiste aux lois qui gouvernent les corps bruts ». Bichat : « l'ensemble des fonctions qui résistent à la mort ». La vie d'un organisme, de la naissance à la mort, c'est la succession des péripéties qu'engendre le combat du principe vital interne contre les forces extérieures. Santé et maladie traduisent les fluctuations du rapport de forces dans cette lutte, dont l'issue est toujours la même : la mort marque le triomphe des forces extérieures désorganisatrices. La notion de *vie* rend ainsi compte de ce que le mécanisme s'épuisait à penser : les transferts d'énergie et d'information sans lesquels il paraît difficile de comprendre le vivant.

Le vitalisme est une conception philosophique étroitement liée à l'approche médicale du vivant. Davantage qu'une résurrection de l'animisme aristotélicien, le vitalisme doit être considéré comme un prolongement de l'héritage hippocratique et des médecins-alchimistes-astrologues de la Renaissance (Paracelse).

4.2 Signification du vitalisme biologique

Il faut voir aussi dans le vitalisme une réaction contre l'attitude réductrice, déterminée par un souci technique de domination de l'homme face à la nature. Aujourd'hui encore, ce qui reste du vitalisme s'est réfugié dans un écologisme radical et réactionnaire, qui identifie la Terre à un être vivant (hypothèse *Gaïa* de Lovelock). Le vitalisme retrouve ainsi certaines intuitions animistes, préscientifiques, de l'alchimie et de l'astrologie.

Le vitalisme est aujourd'hui disqualifié : la biologie sait qu'il n'existe ni « principe vital », ni « force vitale », ni même de « vie », si ce mot désigne une puissance cachée, distincte de la matière, à laquelle elle viendrait s'ajouter, ou s'opposer. La chimie organique et la thermodynamique vont, dès le XIXe siècle, contraindre les biologistes à abandonner le vitalisme et à revenir à une vision plus mécaniste. Les êtres vivants ne violent en aucune façon le second principe de la thermodynamique : la production et le maintien de l'ordre en leur sein se paient simplement d'une consommation d'énergie qui implique un accroissement de l'entropie dans leur milieu. Le vitalisme apparaît aujourd'hui comme une intuition métaphysique, au sens qu'Auguste Comte donnait à ce mot : l'affirmation d'entités cachées, de forces occultes inaccessibles à l'observation, mais censées être les causes ultimes de certains ordres de phénomènes. « On n'interroge plus la vie aujourd'hui dans les laboratoires », écrit François Jacob. Un biologiste contemporain a même écrit un livre au titre provocateur : *La vie n'existe pas !*[9] « La vie n'existe pas », puisque au sein même du vivant, rien n'est vivant.

Né des insuffisances du mécanisme, le vitalisme n'en constitue pas moins une étape dans la constitution de la biologie, dont il fonde en quelque sorte l'autonomie, face aux sciences physiques et chimiques. Car, à la fin du XVIIIe siècle et au début du XIXe, la chimie organique se développe rapidement : Lavoisier analyse la chimie de la respiration, Friedrich Wöhler synthétise l'urée. On s'aperçoit que les principales fonctions vitales sont assumées par des réactions chimiques. De là à conclure que la biologie, c'est de la chimie, il n'y a qu'un pas que d'aucuns sont tentés de franchir, selon une tendance dont Auguste Comte analyse le mécanisme : toute science élève des prétentions sur les sciences d'un niveau supérieur.

9. Ernest Kahane, *La vie n'existe pas*, Paris, Éditions rationalistes, 1962.

« Supérieur » n'est pas ici à comprendre au point de vue de la valeur. La chimie n'est pas supérieure à la physique, ou la biologie supérieure à la chimie parce qu'elles concerneraient des objets plus nobles, ou parce qu'elles seraient plus utiles, mais parce qu'elles étudient des phénomènes plus complexes, à la base desquels se trouvent les phénomènes étudiés par la science de niveau inférieur (les corps vivants sont constitués de molécules chimiques ; les réactions chimiques s'expliquent par les propriétés physiques des atomes). La hiérarchie comtienne des sciences est une classification par degrés de généralité décroissante. La physique est plus générale que la biologie, qui est plus générale que la sociologie (tout ce qui vit en société est vivant, mais l'inverse n'est pas vrai). Comte nomme « matérialisme » cette tendance (qu'on appelle aussi « réductionnisme » voir chap. 3, 5.3) et qualifie de « matérialiste » toute « explication du supérieur par l'inférieur ».

« Aussi toute science, explique Auguste Comte, a-t-elle dû longtemps lutter contre les envahissements de la précédente[10]. » La biologie est fascinée par la toute-puissance explicative des sciences physiques et chimiques ; plus tard, les sciences humaines seront tentées par les schémas biologiques dans l'explication des phénomènes sociaux ou psychiques. Le mécanisme procédait d'un souci d'unification rationnelle de la nature. Le vitalisme traduit la prétention de la biologie au statut de discipline autonome. Mais il n'a guère de valeur heuristique, c'est-à-dire qu'il ne suggère pas d'hypothèses théoriques, d'observations ou d'expérimentations nouvelles, susceptibles de faire avancer la connaissance. L'approche mécaniste continue de guider la recherche.

4.3 Enjeux et portée du vitalisme

Biologie et médecine n'épuisent pas l'inspiration du vitalisme, qui tend à faire de la vie le principe même de la nature. En grec, nature se dit *phusis*. Mais la *phusis* n'a rien à voir avec l'idée moderne d'une mécanique aveugle, telle que l'a produite la révolution scientifique classique (Gali-

10. Auguste Comte, *Discours sur l'ensemble du positivisme*, 1re partie.

lée, Descartes). Dans la *phusis*, un Grec voit une puissance productrice qui déploie ses effets, un mouvement généreux et une croissance féconde[11].

Cette image de la nature, renforcée par l'hylozoïsme de la Renaissance, va passer dans le romantisme, qui exalte la prodigalité généreuse et infinie de la vie, sa diversité déroutante, exotique, fantasque. Le romantisme insiste sur la plasticité extraordinaire de la vie, ses capacités de création *ex nihilo*, de régénération spontanée. Là où la raison calcule, économise, « rationalise » les coûts et les investissements, la vie dépense sans compter. La vie est démesure, excès. Schopenhauer insiste sur « l'infinie diversité » de la vie, son « agitation incessante » ; il compare la prodigalité des dépenses qu'elle consent aux profits qu'elle obtient. Combien d'œufs un poisson doit-il répandre pour qu'un seul arrive à terme ? Le contraste fait apparaître l'absurdité même de l'entreprise :

> Si l'on met en regard d'une part l'ingéniosité inexprimable de la mise en œuvre, la richesse indicible des moyens, et, de l'autre, la pauvreté du résultat poursuivi et obtenu, on ne peut se refuser à admettre que la vie est une affaire dont le revenu est loin de couvrir les frais. [...] entre les fatigues et les tourments de la vie et le produit ou le gain qu'on en retire il n'y a aucune proportion[12].

Somptueuse dans son exubérance délirante, la vie ne laisse pas d'être inquiétante. Le vivant porte la menace de forces obscures, mal dominées, toujours susceptibles de se lever sans crier gare. La musique romantique allemande nous a laissé quelques images sonores de cette ambivalence. Sans parler de la *Pastorale* de Beethoven ni des *Lieder* de Schubert, la Bacchanale du Venusberg, au premier acte de *Tannhaüser*, met en scène cette sensualité vitale, érotique, que Wagner se plaît à opposer, dans un contraste violent, à la sublimation chrétienne de l'amour. Les célèbres « murmures de la forêt » de *Siegfried* rappellent les frémissements, que Weber décrit avec une infinie poésie, des forêts du *Freischütz* ; joyeuses et souriantes dans la lumière du matin, elles sont traversées d'un frisson

11. Voir Martin Heidegger, *Ce qu'est et comment se détermine la Physis*.
12. Arthur Schopenhauer, *Le Monde comme volonté et comme représentation*, 1818.

mélancolique au soir tombant, pleines de menaces dans les ténèbres nocturnes. Cette inspiration romantique anime les poètes du romantisme allemand : Novalis, Hölderlin, et caractérise tout un courant philosophique : Schelling en Allemagne, Ravaisson et Bergson en France.

Le romantisme philosophique suggère que la vie ne se plie pas — comme la matière inerte, régulière, prévisible — aux cadres rationnels. L'entendement abstrait, la raison discursive, voués à l'intelligence du mécanique, ne sont pas aptes à saisir l'élan spontané et libre de la vie : il faut une intuition pour en percer l'essence, pour entrevoir l'unité profonde de l'homme avec la totalité cosmique dont il est une partie. Le vitalisme philosophique, refusant le mécanisme et le matérialisme, se représente la vie comme une manifestation de l'esprit. Chez Bergson, il n'est pas jusqu'à la matière inerte elle-même qui ne participe en quelque façon de la spiritualité.

Le bergsonisme a joui en son temps d'une grande notoriété, voire d'une certaine popularité. Mais le vitalisme romantique doit son succès à ses expressions poétiques et musicales davantage qu'aux systèmes philosophiques. Ce qui a fait sa force peut aussi passer pour un signe de faiblesse : l'exaltation de l'intuition esthétique, le recours systématique aux images et aux métaphores, l'usage de termes directement importés du vocabulaire psychologique (élan, invention) ne reflètent-ils pas l'indétermination des idées ? Par ailleurs, la tendance irrationaliste du vitalisme le porte à un anti-intellectualisme dont les effets ne laissent pas d'être inquiétants. Le plus anodin de ces effets est une certaine complaisance à l'endroit de superstitions peu recommandables : occultisme, astrologie, magie. Mais il en est de plus effrayants.

Il ne saurait être question de compromettre l'ensemble de la culture romantique allemande dans le destin ultérieur de l'Allemagne. On ne peut toutefois passer sous silence l'importance de ces thèmes dans le nazisme. La question est complexe, mais il ne fait pas de doute que l'irrationalisme nazi a puisé dans l'inspiration vitaliste du romantisme la justification d'un culte de la force, d'une exaltation de la puissance expansive, d'une promotion des valeurs de la lutte, contre celles de l'intelligence et de la civilisation[13]. L'un des concepts fondamentaux du nazisme est le *lebensraum*, l'« espace vital ». Lorsque Baldur von Schirach — chef des Jeunesses hitlériennes — prononce le fameux : « Quand j'entends parler de culture, je sors mon revolver », il faut entendre *culture* en son sens intellectuel, certes, mais d'abord comme *civilisation* (par opposition à la nature). L'idéologie nazie est un hymne à la nature sauvage. Un représentant important du vitalisme allemand, Hans Driesch (1867-1941), nomme tout simplement *Führer* le principe vital de l'organisme !

5. L'ORGANISATION

Parallèlement aux intuitions animistes ou vitalistes, la connaissance biologique n'a jamais cessé son investigation des structures d'organisation du vivant. Les deux aspects, loin de se contredire, se complètent. Aucun vitalisme n'affirme que la *seule* « force vitale » rend compte des phénomènes biologiques. Supposer qu'un « principe vital » (non matériel) préside au destin de l'organisme, cela ne dispense pas de montrer *comment* ce principe agit, en utilisant, voire en créant les structures d'ordre observables au sein de la matière organique. En revanche, le mécanisme peut tout à fait se passer de toute référence à un principe vital. C'est le programme que traçait Lamarck. Il reconnaît certes une différence profonde entre les choses et les êtres :

> Il se trouve entre les matières brutes et les corps vivants un *hiatus* immense qui ne permet pas de ranger par une même ligne les deux sortes de corps, ni d'entreprendre de les lier par aucune nuance[14].

Mais il ajoute qu'« il n'est question, dans tout cela, que de phénomènes purement physiques » :

> La nature ne complique jamais ses moyens sans nécessité : si elle a pu produire tous les phénomènes de l'organisation à l'aide des lois et des forces

13. Voir Jean-Édouard Spenlé, *La Pensée allemande de Luther à Nietzsche*, Paris, Armand Colin.
14. Jean-Baptiste de Lamarck, *Philosophie zoologique*, I, 1809.

auxquelles tous les corps sont généralement soumis, elle l'a fait sans doute et n'a pas créé, pour régir une partie de ses productions, des lois et des forces opposées à celles qu'elle emploie pour régir l'autre partie[15].

5.1 Les niveaux d'organisation

L'histoire de la biologie apparaît donc comme un mouvement de descente en direction de niveaux de plus en plus cachés de l'architecture des vivants. Dans sa *Logique du vivant*, François Jacob décrit les étapes successives de cette exploration comme autant de « niveaux d'organisation » où l'on pénètre comme au sein de constructions emboîtées :

1. Les « structures visibles » à la perception immédiate (les « parties des animaux » d'Aristote). Elles permettent de dégager des parentés de structure. À l'âge classique, s'impose l'idée d'un plan général d'organisation animale, sur lequel la nature se serait contentée de composer des variations : une « forme essentielle avec laquelle la nature ne cesse de jouer », dira Gœthe. Buffon la décelait d'une espèce à l'autre ; Daubenton affirmait l'existence d'un « dessein primitif et général » ; et selon Vicq d'Azir, la nature doit « opérer toujours d'après un modèle primitif et général dont elle ne s'écarte qu'à regret ».

2. La cellule, structure d'ordre deux, et premier constituant universel des vivants. La découverte de la cellule est une étape capitale dans l'exploration des structures vivantes[16]. Elle ne date pas des premières observations microscopiques (au XVIIe siècle) ; la cellule ne commence d'exister qu'à partir du moment où est comprise sa situation de constituant *élémentaire* des organismes. Il y a loin de l'observation d'un objet ou d'un phénomène à une découverte scientifique.

15. Jean-Baptiste Lamarck, *Philosophie zoologique*, II, 1809.
16. Sur la genèse de la théorie cellulaire (Schleiden, Schwann, Virchow), voir : Marc Klein, « Histoire des origines de la théorie cellulaire », in *Regards d'un biologiste*, Paris, Hermann, 1980 ; François Duchesneau, *Genèse de la théorie cellulaire*, Montréal-Paris, Bellarmin-Vrin, 1987 ; Georges Canguilhem, « La théorie cellulaire », in *La Connaissance de la vie*, Paris, Vrin, 1965.

3. Les chromosomes et gènes, structure d'ordre trois, dissimulée au cœur de la cellule (dans le noyau pour les organismes eucaryotes).

4. Enfin la molécule d'ADN, structure d'ordre quatre, base matérielle de la conformation de tout organisme et fondement de l'hérédité.

François Jacob fait observer que la connaissance du vivant est tributaire des représentations que les hommes se font de l'univers dans son ensemble, et qu'ils se font d'eux-mêmes. Ce qu'une époque parvient à connaître est déterminé par ce qu'elle se représente comme pensable et comme possible. On peut s'étonner des théories préformationnistes : toute l'humanité déjà présente, au jour de la Création, dans les ovaires d'Ève ! Mais au XVIIIe siècle, la Terre a l'âge que lui donnent les Écritures : six mille ans. Le microscope (Swammerdam, Leeuwenhoek) ne révèle dans l'embryon aucune structure préformée. Mais il ouvre sur des abîmes : une complexité apparaît, dont on ignore les limites. Une *Pensée* de Pascal, « Disproportion de l'homme », exprime cette prise de conscience[17]. Leibniz la formule ainsi :

> Ainsi chaque corps organique d'un vivant est une espèce de machine divine, ou d'un automate naturel, qui surpasse infiniment tous les automates artificiels. Parce qu'une machine faite par l'art de l'homme n'est pas machine dans chacune de ses parties. [...] Mais les machines de la nature, c'est-à-dire les corps vivants sont encore machines dans leurs moindres parties, jusqu'à l'infini[18].

On ne voit pas les structures embryonnaires préformées, mais nos moyens d'observation épuisent-ils la réalité ? Le siècle des Lumières ignore le concept d'un programme codé. Un déploiement de l'organisme à partir de structures microscopiques paraît plus rationnel qu'une mystérieuse épigenèse.

5.2 La « machinerie » de l'organisme

La chimie organique sape les bases du vitalisme : les composants du monde vivant ne diffèrent pas de ceux qui constituent la matière inerte ;

17. Blaise Pascal, *Pensées*, Section II, 72.
18. Wilhelm Leibniz, *La Monadologie*, (1714), § 64.

nul élément chimique n'est l'exclusivité de la vie. Les fonctions du vivant dépendent de processus physicochimiques ; aucune n'échappe à cette réduction, pas même la reproduction. La cellule est une « machinerie chimique » (Jacques Monod[19]).

La tendance *moléculaire* confirme la vitalité du mécanisme en biologie. La découverte du code génétique (ADN) constitue son succès le plus brillant. Les propriétés des acides nucléiques et des protéines — et partant des organismes — résultent de la nature et de la disposition des atomes au sein des molécules. Le vitalisme n'était qu'une impatience face aux délais qu'exige l'analyse physicochimique du vivant. Il n'a pu s'abriter qu'au sein des lacunes du mécanisme. Jacques Monod note que « le vitalisme a besoin, pour survivre, que subsistent en biologie, sinon de véritables paradoxes, au moins des “mystères”[20] ». « La vie, disait déjà Claude Bernard, n'est rien qu'un mot qui veut dire *ignorance.* »

Aucun succès scientifique — aussi spectaculaire soit-il — ne suffit à fonder un choix philosophique. Mais le mécanisme fait valoir des arguments de poids lorsque des généticiens parviennent à faire s'exprimer, chez la mouche drosophile, le gène-maître qui commande le développement de l'œil *chez la souris* : greffé sur l'embryon de l'insecte, ce gène — de souris ! — détermine la formation d'un œil *de mouche* à un endroit qui varie selon le lieu de la greffe (l'extrémité d'une patte, par exemple). L'embryogenèse a toujours été la croix d'une conception mécaniste du vivant. La biologie du développement est probablement sur le point de lever cet obstacle.

Faut-il conclure, aucune différence essentielle n'existant entre le vivant et l'inerte, aucune frontière ontologique ne se laissant tracer, que la biologie cesse d'avoir un objet propre, et qu'elle doit se diluer dans la chimie et la physique ? Cette tentation, déjà dénoncée par Auguste Comte sous le nom (assez impropre) de « matérialisme », se nomme aujourd'hui *réductionnisme*.

19. Jacques Monod, *Le Hasard et la nécessité*, Paris, Seuil, 1970, rééd., coll. « Points Sciences », p. 87.
20. *Ibid.*, p. 47.

5.3 Les dangers du réductionnisme

« Réductionnisme » (comme tant d'autres *ismes*) prend divers sens. Péjorative dans la bouche du philosophe, l'appellation est expressément revendiquée par certains biologistes, pour souligner que la composition des corps vivants n'implique aucun élément qui ne soit déjà présent dans la matière inerte, et que rien, dans leur fonctionnement, ne contrevient aux lois générales de l'univers physique. Ce réductionnisme n'est que la négation philosophique du vitalisme.

Mais un autre réductionnisme prétend que, pour comprendre le tout, il faut l'avoir préalablement décomposé en ses plus petites parties. Ce qui revient à affirmer que la biologie moléculaire est toute la biologie. On peut reconnaître à ce réductionnisme explicatif une certaine fécondité heuristique. Mais, à l'état isolé, un composant chimique ne fait pas apparaître la nature de sa contribution à la vie organique. Il se peut même que, coupé de la totalité dont il est une partie, l'élément ne puisse plus exister du tout ; c'est le cas de l'homme dans la société. De plus, la compréhension du fonctionnement d'une structure peut ne pas exiger l'analyse fine de ses constituants élémentaires. Pour savoir comment fonctionne une articulation, il n'est pas nécessaire de connaître la composition physique de l'os ou du cartilage.

Il faut donc proscrire ce réductionnisme selon lequel les théories pertinentes à un certain niveau de réalité ne sont qu'un cas particulier des théories conçues pour expliquer un niveau inférieur. La chimie se réduirait ainsi à la physique, la biologie à la chimie et — par conséquent — à la physique, science ultime dans laquelle toutes les autres seraient sommées de venir se fondre. Ambition vaine. La biologie moléculaire appréhende les mécanismes chimiques de l'hérédité, mais les concepts de la génétique : gène, mutation, diploïdie et haploïdie, hétéro ou homozygotie ne sont pas des concepts chimiques.

La compréhension d'un phénomène est toujours subordonnée au cadre conceptuel dans lequel on l'appréhende :

On peut décrire la parade nuptiale d'un mâle, par exemple, dans le langage et les concepts de la physique (locomotion, énergie dépensée, processus métaboliques, etc.), mais aussi dans le cadre de la biologie de la reproduction ou du comportement. Cela est vrai pour beaucoup d'autres faits, propriétés, relations et processus liés aux organismes vivants. L'espèce, la compétition, le territoire, la migration et l'hibernation sont des exemples de phénomènes biologiques pour lesquels une description purement physique est, au mieux, incomplète et, le plus souvent, biologiquement sans intérêt[21].

Le réductionnisme oublie que :

> Sans cesser d'obéir aux principes qui régissent les systèmes inertes, les systèmes vivants deviennent l'objet de phénomènes qui n'ont aucun sens au niveau inférieur. La biologie ne peut ni se réduire à la physique, ni se passer d'elle[22].

Après avoir subi l'impérialisme des sciences « dures », les sciences biologiques ont manifesté la même tendance à l'endroit de disciplines d'un niveau supérieur dans l'ordre de la complexité. La tentation existe de rendre compte des phénomènes humains — psychologiques, linguistiques, sociaux, culturels — à partir des seuls mécanismes physiologiques à l'œuvre dans le corps biologique de l'homme.

5.4 L'exemple du réductionnisme neurophysiologique : un matérialisme insuffisant

La neurophysiologie veut connaître les mécanismes cérébraux sous-jacents aux faits de conscience. Nous sommes encore loin de pouvoir faire correspondre à un état mental donné (une perception, un raisonnement, un sentiment) l'état neuronal qui coïnciderait avec lui. L'effrayante complexité de la mécanique cérébrale pourrait empêcher qu'on y parvînt jamais. Néanmoins, les neurosciences progressent dans l'approche physicochimique des phénomènes mentaux. Là encore, le réductionnisme prend des contenus différents.

21. Ernst Mayr, *Histoire de la biologie*, Le Livre de Poche, tome 1, p. 99.
22. François Jacob, *La Logique du vivant*, Paris, Gallimard, 1970, p. 328.

Les neurosciences ont légitimement besoin d'un réductionnisme méthodologique : elles ne seraient plus des sciences si elles supposaient une entité métaphysique (âme, esprit) censée expliquer les phénomènes mentaux. Mais ce que la science doit s'abstenir de postuler, a-t-elle le droit de le nier ? Il est exclu, scientifiquement, de prouver une inexistence (de l'âme, de Dieu, des anges). Néanmoins, on a vu que la biologie est aujourd'hui en mesure de se passer de l'idée d'un « principe vital » pour expliquer le vivant. L'astronomie n'est pas en mesure d'établir positivement que les planètes n'influencent pas nos amours ; nous savons cependant qu'il n'y a rien de vrai dans l'astrologie. Vitalisme et astrologie sont abandonnés, sinon proprement réfutés. Peut-on de la même façon ranger l'esprit au musée ? C'est le choix que font certains biologistes (Changeux) ou philosophes (Feyerabend, Rorty, Churchland). Ce choix traduit un refus philosophique du spiritualisme religieux ou métaphysique, et une préférence matérialiste. Le matérialisme est une option partagée par de nombreux chercheurs. Est-ce une vérité scientifique ? Non, c'est une thèse philosophique. Cette thèse pourrait bien être vraie, et peut légitimement chercher des appuis du côté des neurosciences. Elle n'est pas arbitraire, comme pourrait l'être une préférence sentimentale ; on peut l'argumenter rationnellement. Mais elle n'est pas scientifique au sens strict, parce qu'on ne peut en établir la vérité par une démonstration, ni la soumettre à l'expérimentation. Qu'il n'existe pas d'esprit ou d'âme, c'est ce qu'aucune expérimentation scientifique ne suffira jamais à établir. En revanche, de très nombreuses observations et expérimentations mettent en évidence la dépendance des états mentaux par rapport aux états cérébraux. Par ailleurs, nous manquons d'une théorie qui rendrait compte de la manière dont s'articulent les phénomènes matériels cérébraux et les faits de conscience. C'est un vieux problème de la philosophie, et l'une des préoccupations actuelles d'un domaine en plein essor : les sciences cognitives.

On voudrait aussi expliquer le contenu de nos idées, de nos représentations, de nos croyances, nos manières de raisonner, de sentir, de rêver par l'activité physiologique de l'organe cérébral. Ce réductionnisme-là a trouvé son expression dans la fameuse formule de Cabanis (*Rapports du physique et du moral de l'homme*, 1802) : « le cerveau sécrète la pensée comme le foie sécrète la bile ». Formule pertinente lorsqu'il s'agissait de combattre un spiritualisme ravageur, mais au fond erronée. Si les pensées de l'homme s'expliquaient par son seul cerveau, il deviendrait incompréhensible qu'un abîme sépare nos pensées de celles d'un agriculteur du néolithique, d'un Romain ou d'un homme de la Renaissance, qui avaient le même cerveau que nous. C'est *hors* de l'individu (et donc de son cerveau) qu'il faut chercher l'explication de ce qu'il pense (et même du fait qu'il pense). Il y a autre chose dans la pensée humaine que l'activité de son cerveau. Cette autre chose, c'est la culture, c'est-à-dire un univers de structures, de pratiques, de gestes, d'objets, de signes, de modifications de l'environnement, univers qui résulte certes du fonctionnement des cerveaux précédents, mais ceux-ci ont eux-mêmes travaillé sur l'acquis antérieur, et ainsi de suite. La culture est proprement *matérialisée* dans un ordinateur ou un TGV, une cathédrale ou un parc d'attractions, un crucifix ou un téléphone portable, aussi bien que dans un pèlerinage ou une élection, un congrès scientifique ou une prière, un attentat terroriste ou un contrôle d'identité. Tout cela est *aussi* matériel que de la substance cérébrale et détermine tout autant la vie psychique. Un cerveau humain ne peut penser, et penser ce qu'il pense, que parce qu'il existe hors de lui un univers humain qui lui préexiste, et qui détermine ses pensées autant que le font les mécanismes physiologiques qui s'y déroulent. Le cerveau n'est qu'une condition de la pensée, de même que les particules physiques sont la condition et le support matériel de la vie, mais pas la vie. La culture — pensée « matérialisée », mais sur d'autres supports qu'organiques — a acquis une consistance, une réalité, une permanence autonomes vis-à-vis des *individus*. Or, il n'y a de cerveaux qu'individuels. Il suffit de songer à ce que les pensées d'un homme, son univers mental, doivent à la langue qu'il parle pour comprendre cela.

Lucien Sève n'hésite pas à écrire : « Il existe bel et bien un *psychisme sans corps organique*[23]. » Cette affirmation ne doit pas être prise en un

23. Lucien Sève, *Marxisme et théorie de la personnalité*, Paris, éd. Sociales, 4e éd., 1981, III, I, 3, p. 265.

sens spiritualiste : « L'erreur, ce n'est pas, bien sûr, d'affirmer que tout, dans l'activité psychique concrète de la personnalité, consiste en processus physiologiquement analysables. C'est là, au contraire, on l'a dit, une vérité inattaquable. » L'erreur est de négliger tout ce qui constitue, selon l'expression de Sève le « *corps inorganique de l'homme* » : la culture matérialisée.

Prendre le cerveau pour l'unique fondement du psychisme humain, c'est le substituer simplement à l'âme des spiritualistes ; en faire le double fantasmé, l'inversion faussement (car incomplètement) matérialiste. Dans les deux cas, âme ou cerveau, l'individu se croit *sujet*, et se représente cette subjectivité fictive comme la condition autosuffisante de son existence psychique. Aucune psychologie scientifique n'est possible si elle ignore les bases neuronales des phénomènes psychiques. Quant au philosophe, c'est en vain qu'il proposerait quelque thèse que ce soit sur l'esprit, le corps ou leurs relations s'il négligeait les données scientifiques. Bergson, spiritualiste en rupture avec les choix philosophiques de la plupart des physiologistes, ne s'est jamais cru dispensé de connaître leur travaux. Mais la même vigilance est requise contre toute fascination à l'égard des disciplines « inférieures », et contre la tentation réductionniste d'accorder à leurs concepts et à leurs paradigmes un rôle excessif.

Pour ce travail de délimitation des frontières, les sciences sont mal placées, puisque enfermées dans leurs domaines respectifs de spécialisation. La philosophie a un rôle à jouer, à condition de n'intervenir que sur la base d'une maîtrise effective des savoirs.

6. Les deux tendances fondamentales de la biologie

6.1 La tendance réductionniste

La tentation réductionniste (au mauvais sens du terme) n'est pas, dans la biologie, un phénomène contingent. Elle reflète une orientation profonde des sciences du vivant. Ainsi que le fait remarquer François Jacob, « la biologie n'est pas une science unifiée[24] », elle est animée de tendances contradictoires. La physique non plus n'est pas parvenue à son unité, puisque ses deux piliers : la relativité d'Einstein et la mécanique quantique, ne sont pour l'instant pas compatibles. Mais ce n'est pas en ce sens qu'il faut entendre le diagnostic de François Jacob. Il ne s'agit pas d'une divergence ou d'une contradiction dans les résultats obtenus ; au contraire, les conclusions venues des horizons les plus divers de la biologie actuelle s'harmonisent plutôt bien : anatomie comparée, embryologie, immunologie, théorie de l'évolution convergent et se soutiennent mutuellement. La tension est entre des méthodes, des démarches qui diffèrent dans leur esprit, même si elles convergent dans leurs résultats.

La tendance réductionniste correspond à la première de ces attitudes, qu'on pourrait qualifier d'analytique : elle « s'intéresse à l'organe, aux tissus, à la cellule, aux molécules », et veut rendre compte de la fonction par la structure. On part ici des constituants pour comprendre le tout. « La science, comme disait Alfred Jarry, avec une grande scie… »

6.2 L'attitude holiste

Le chemin inverse est emprunté par l'attitude *holiste* (du grec *holos*, « totalité »), qui appréhende l'organisme en l'intégrant à des systèmes d'ordre supérieur : espèce, population, écosystème. Sans négliger que cet élément d'une totalité est lui-même un tout, et non seulement la somme d'éléments juxtaposés. Fondée sur l'observation davantage que sur l'expérimentation en laboratoire, cette biologie considère l'être vivant dans ses relations avec son milieu, et avec son histoire. Elle s'intéresse moins au fonctionnement qu'à la formation des organismes. Le biologiste holiste ne croit pas avoir épuisé la connaissance du vivant quand il l'a fondée sur l'analyse physicochimique : l'organisme pose des problèmes dont la solution se trouve au-delà de l'organisme lui-même, par exemple dans l'histoire évolutive de son espèce.

24. François Jacob, *La Logique du vivant*, *op. cit.*, p. 14.

Ces deux axes ne divergent pas inexorablement. La biologie n'est pas schizophrène. Chaque tendance tient les clefs de problèmes rencontrés par l'autre. Ces problèmes ne relèvent pas non plus des seuls concepts biologiques. Les modèles mathématiques sont de plus en plus sollicités pour comprendre aussi bien la genèse des formes dans le développement que les phénomènes évolutifs à l'échelle des populations (théorie des catastrophes de René Thom, courbes fractales de Mandelbrot). Cette dualité d'inspiration explique les conflits qui traversent les sciences du vivant. Elle reflète une question cruciale de la biologie, peut-être le problème majeur que la connaissance du vivant pose à une réflexion philosophique ou épistémologique : les rapports du mécanisme et de la finalité. Non qu'on puisse faire correspondre à l'attitude analytique une philosophie mécaniste tandis que la biologie holiste serait renvoyée à la téléologie, mais parce que la finalité inhérente aux vivants n'apparaît qu'à un regard synthétique, s'attachant au sens de telle propriété morphologique, de tel comportement au sein d'un milieu donné. En outre, si les vivants sont bien des « structures téléonomiques », il n'y a pas d'espoir d'en comprendre la constitution hors d'une histoire, quand bien même cette histoire accomplirait la réalisation d'un projet surnaturel : création divine ou évolution orientée par une finalité immanente, dont tous les moments seraient des manifestations (comme chez Teilhard de Chardin). C'est cette question qu'il faut maintenant examiner.

4

LE PROBLÈME DE LA FINALITÉ

La *fin* d'une chose est ce en vue de quoi elle existe. La *finalité* est le fait de tendre vers une fin. On parle de finalité *interne* lorsque les éléments d'un organisme sont ordonnés vers le bien de l'organisme tout entier : nous avons des yeux pour voir, les oiseaux ont les os creux pour mieux voler ; de finalité *externe* lorsqu'un être quelconque se trouve organisé pour le bien d'autres êtres : les proies nourrissent les prédateurs, les montagnes alimentent les plaines en eau potable.

Les êtres vivants manifestent ces deux genres de finalité à un degré très élevé. La profusion des moyens morphologiques et comportementaux mis en œuvre par la nature pour assurer l'adaptation des organismes dépasse l'imagination[1]. La reptation d'un serpent, l'équilibre d'un insecte en vol, constituent toujours des solutions de problèmes physiques extrêmement complexes. La technique humaine sait faire évoluer des sondes aux confins du système solaire, mais elle est incapable de construire un robot qui accomplisse les actions d'un moineau, ou de fabriquer du sang.

1. Quelques exemples de finalité adaptative

1.1 Les structures téléonomiques

On s'épuiserait à énumérer les innombrables exemples de caractères morphologiques à valeur adaptative. La nature est ici d'une inventivité dont on n'a pas encore mesuré l'invraisemblable richesse. Certaines bactéries disposent de particules magnétiques leur permettant de s'orien-

1. Les livres de Stephen Jay Gould (cf. bibliographie) étudient un grand nombre de ces structures et comportements téléonomiques, dans la perspective de leur signification darwinienne. Nous empruntons à cet auteur les exemples qui suivent. La bactérie magnétique : *Le Pouce du panda*, chap. 30 ; la lampsilis : *Darwin et les grandes énigmes de la vie*, chap. 12 ; le fou à pieds bleus : *Quand les poules auront des dents*, chap. 3.

ter par rapport au magnétisme terrestre. La boussole utilise le champ magnétique terrestre dans le plan horizontal, mais le magnétisme terrestre possède aussi une composante verticale. On suppose donc que la bactérie se sert de cette « boussole » interne pour repérer dans l'espace la direction du bas ; de masse trop faible, les bactéries ne pourraient utiliser la pesanteur. Or, c'est en profondeur que ces bactéries trouvent les conditions optimales de leur existence biologique. L'hypothèse selon laquelle les particules magnétiques leur servent à se diriger dans le sens vertical est confirmée par l'observation des bactéries vivant dans l'hémisphère sud : leur polarité magnétique est inversée, afin de leur permettre de nager en direction du bas.

Des exemples de finalité externe sont fournis par les associations entre organismes, fréquentes dans la nature. La *lampsilis*, une moule d'eau douce, se dissimule dans le sable et laisse dépasser un appendice charnu qui imite un petit poisson. Nageoires, queue, œil, rien ne manque, pas même le mouvement ondulatoire qui simule la nage. Ce dispositif répond à une stratégie reproductive originale. Le leurre de la *lampsilis* renferme les larves, qui ont besoin, pour se développer, de se fixer à un poisson. Lorsque ce dernier, attiré par le leurre animé, se trouve à proximité, la *lampsilis* libère ses larves afin que le poisson les avale, les fixant ainsi sur ses branchies.

1.2 Les comportements finalisés

Les exemples de téléonomie comportementale sont plus frappants encore. On connaît le système de signes utilisé par les abeilles pour échanger des informations au sujet des sources de nourriture. Quoique très en deçà des possibilités du langage humain, ce mode de communication n'en constitue pas moins une performance étonnante pour des insectes. Dans les informations délivrées sur la distance de la source de nourriture, l'abeille tient compte de la direction du vent, favorable ou défavorable. L'abeille dispose en outre d'une sensibilité à la polarisation de la lumière, indispensable par temps couvert, quand le soleil n'est pas visible. Ces mêmes abeilles mettent en œuvre un système de défense original : lorsqu'un bourdon tente de pénétrer dans la ruche, elles s'agglutinent en grappes autour de lui. Elles n'en viennent pas à bout par leurs piqûres : c'est l'élévation de température provoquée par l'accumulation des abeilles autour de son corps qui est fatale à l'agresseur.

La tortue-luth pond ses œufs dans le sable, à une profondeur telle que les tortues nouvellement nées n'auraient pas la force de remonter. Celles-ci se placent donc à la queue-leu-leu, constituant une colonne excavatrice dont les éléments de tête ont pour fonction de creuser, tandis que les derniers tassent le sable sur lequel la colonne prend appui. L'excavation suit une trajectoire hélicoïdale, plus économique que la percée en ligne droite. Toujours à des fins d'économie énergétique, les jeunes tortues ne travaillent qu'aux heures les plus fraîches.

Les têtards d'une petite grenouille arboricole du Brésil, *dendrobates vanzolinii*, ont l'habitude de s'entre-dévorer. Dès leur naissance, le père les sépare donc, et les transporte dans des cavités séparées pendant que la femelle veille sur les œufs non éclos. Mais ces têtards ne se nourrissent que des œufs non fécondés de leur mère. Le père doit donc chanter auprès de chacun des têtards afin d'y attirer la femelle, et la courtiser afin qu'elle ponde des œufs qu'il s'abstient de féconder. Le couple accomplit de la sorte une tournée régulière des arbres où les têtards ont été cachés, jusqu'à leur complet développement.

Le fou à pieds bleus, un oiseau marin des îles Galapagos, installe son nid à même le sol, pour pondre deux ou trois œufs. Il entoure ce nid d'un anneau de guano de quelques dizaines de centimètres de largeur, sorte de frontière pour délimiter l'aire de nidification. Les parents couvent les œufs au centre de l'anneau. Si la nourriture est abondante, ils élèveront tous les petits ; si les conditions sont moins favorables, un seul sera élevé. La femelle du fou pondant ses œufs à plusieurs jours d'intervalle, et les œufs parvenant à l'éclosion selon le même rythme, l'aîné se trouve être plus fort que ses frères et sœurs. Si la nourriture n'est pas en quantité suffisante, l'aîné éjecte hors de l'anneau les autres membres de la fratrie. Or, les parents refoulent impitoyablement toute tentative d'intrusion à l'intérieur de l'anneau de guano, quel qu'en soit l'auteur. Un système de signaux très élaboré permet à chacun des parents, parti en quête de nourriture, de rentrer dans le nid et de relayer son partenaire dans la couvaison, système dont le fou nouveau-né n'a pas la maîtrise. Le comportement du fou qui refuse de recueillir sa progéniture sortie du nid contredit l'idée que nous nous faisons de l'instinct parental ; mais ce comportement présente une valeur adaptative : en tentant d'élever trois poussins dans de mauvaises conditions d'alimentation, les parents ne parviendraient probablement à en sauver aucun.

Un corbeau de Nouvelle-Calédonie (*corvus moneduloides*) taille dans des feuilles d'arbre rigides de petites aiguilles munies d'ardillons, dont il se sert pour capturer des proies cachées sous l'écorce.

Enfin, il ne faudrait pas omettre l'exemple le plus remarquable de téléonomie adaptative : le système nerveux central de l'homme. C'est aujourd'hui le dispositif le plus puissant que la nature ait élaboré, celui dont les capacités ne sauraient être décrites dans aucun programme fini, comme on peut le faire pour l'instinct animal.

2. LA TÉLÉOLOGIE ENTRE RELIGION ET SCIENCE

2.1 La finalité comme preuve de l'existence de Dieu

La méditation sur la finalité organique va prendre un essor considérable aux XVIIe et XVIIIe siècles. La « religion naturelle » (déisme et théisme) prétend substituer aux dogmes révélés une conviction religieuse raisonnable, fondée sur le sentiment autant que sur la contemplation de l'ordre naturel. Newton avait consacré des pages célèbres à montrer que l'ordre cosmique du système solaire constituait une preuve de la puissance et de la sagesse du Créateur. L'argument s'inscrit dans une vieille tradition venue des Stoïciens, et puise à la double source des exemples astronomiques et biologiques. La description des performances téléonomiques des vivants sera poussée jusqu'à l'extrême, *ad majorem gloriam Dei*. Toute une littérature apologétique va fleurir, aussi édifiante qu'abondante, passablement répétitive, qui trouve dans les structures organiques le thème d'inlassables panégyriques religieux. On connaît le melon de Bernardin de Saint-Pierre, que son écorce côtelée prédestine au partage familial. Fénelon (*Traité sur l'existence de Dieu*) ou l'abbé Pluche (*Le Spectacle de la nature*) illustrent à merveille cet « étonnement stupide » que raillait Spinoza, et dont Voltaire, dans *Candide*, fera des gorges chaudes :

> Les nez ont été faits pour porter des lunettes ; aussi avons-nous des lunettes. Les jambes sont visiblement instituées pour être chaussées, et nous avons des chausses. Les pierres ont été formées pour être taillées et pour en faire des châteaux ; aussi monseigneur a un très beau château.

Un écho de la théologie naturelle se fait encore entendre aujourd'hui dans le discours de certaines sectes religieuses créationnistes, comme les Témoins de Jéhovah.

Darwin lui-même reconnaît avoir goûté les spéculations du clergyman anglican William Paley (1743-1805) :

> Pour passer l'examen de bachelier, il était également nécessaire de posséder les *Évidences du christianisme* de Paley [...]. La logique de ce livre, et je puis ajouter, de sa *Théologie naturelle*, me procura autant de plaisir qu'Euclide. L'étude attentive de ces ouvrages, sans rien essayer d'apprendre par cœur, fut la seule partie du cursus académique qui, comme je le sentais alors et comme je le crois encore, se révéla de quelque utilité pour l'éducation de mon esprit. Je ne me préoccupais pas à cette époque des prémisses de Paley ; m'y fiant d'emblée, j'étais charmé et convaincu par la longue chaîne de son argumentation[2].

2.2 La critique de l'anthropomorphisme téléologique

« Mère-grand, pourquoi avez-vous de si grandes dents ? C'est pour mieux te manger, mon enfant. » Mais les dents existent avant que le loup ne mange le Petit Chaperon rouge, et si elles existent *pour* que le loup puisse

2. Charles Darwin, *Autobiographie*.

le dévorer, il faut penser un effet (les dents) qui serait produit par une cause (manger) qui n'existait pas quand l'effet existait déjà. Ce qui ne se peut. Il faut donc que la fin ait existé préalablement, sous la forme de la *représentation* d'un but dans une conscience.

Je peux dire, avec Aristote, que la santé est la cause finale de ma promenade : je me promène pour conserver la santé. Mais la cause de ma promenade présente ne peut être une santé future qui n'a pour l'instant aucune existence. Que je me fasse écraser par une voiture au retour de ma promenade, et adieu la santé : voilà ma promenade qui se retrouve sans cause ! La cause de ma promenade, c'est la *représentation* présente que je me fais de ma santé future (possible), représentation soutenue par un désir présent de santé.

Si donc nous avons des yeux pour voir, il faut 1) que la vision ait été recherchée comme une fin par un esprit conscient ; 2) que cet esprit, doué d'intelligence, ait organisé les moyens — l'organe de la vision — propres à nous faire atteindre cette fin : voir. Ce qui revient à penser les productions vivantes de la nature par analogie avec les produits de la technique. Nous avons des couteaux parce que nous nous représentons par anticipation la fin à laquelle ils sont destinés : couper, et que nous les fabriquons en disposant intelligemment les moyens pour parvenir aussi efficacement que possible à cette fin.

L'idée de finalité paraît fortement teintée d'anthropomorphisme. Dans l'appendice à la première partie de l'*Éthique*, Spinoza a minutieusement critiqué les origines, la nature et les conséquences du préjugé finaliste[3] :

> Les hommes jugent nécessairement de la nature des choses d'après la leur propre. En outre, comme ils trouvent en eux-mêmes et hors d'eux un grand nombre de moyens contribuant grandement à obtenir ce qui est utile (par exemple des yeux pour voir, des dents pour mâcher, des végétaux et des animaux pour se nourrir, le soleil pour éclairer, la mer pour nourrir les poissons, etc.), ils en viennent à considérer toutes les choses existant dans la nature comme des moyens à leur usage. Et puisque ces moyens, ils savent

3. Voir Spinoza, *Éthique*, appendices aux parties I et IV, traduction et présentation de Patrick Dupouey, coll. « Les intégrales de philo », Paris, Nathan, 1994.

qu'ils les ont trouvés sans les avoir disposés eux-mêmes, ils ont tiré de là un motif de croire qu'il existait quelqu'un d'autre qui avait prévu ces moyens pour qu'ils en fissent usage.

Spinoza s'inscrit ici dans l'héritage de la révolution scientifique de l'âge classique, qui récuse l'approche finaliste que pratiquait la science scolastique :

> « Il ne faut point examiner pour quelle fin Dieu a fait chaque chose, mais seulement par quel moyen il a voulu qu'elle fût produite. [...] nous rejetterons entièrement de notre philosophie la recherche des causes finales[4]. »

Mais Spinoza va plus loin, parce qu'il met en évidence le lien qui unit le préjugé des causes finales aux intérêts temporels du pouvoir religieux :

> Ils s'extasient devant la structure du corps humain, et, de ce qu'ils ignorent les causes de tant d'art, concluent que ce corps ne s'est point formé mécaniquement, mais par un art divin ou surnaturel, et de telle façon qu'aucune partie ne nuise à l'autre. Et voilà pourquoi celui qui cherche les vraies causes des miracles et se propose de connaître en savant les choses naturelles, au lieu de s'en émerveiller comme un sot, est souvent regardé et désigné comme hérétique et impie par ceux que le vulgaire vénère comme interprètes de la Nature et des Dieux. Ceux-là savent bien que détruire l'ignorance, c'est détruire l'étonnement stupide, c'est-à-dire leur unique moyen d'argumenter et de sauvegarder leur autorité[5].

Les préjugés anthropomorphiques et anthropocentristes ne sont pas seulement des erreurs. Ils constituent le socle idéologique d'une domination ecclésiastique. Leur portée est en dernière instance politique.

2.3 Philosophie, science et religion

Hume et Kant, dans la seconde moitié du XVIIIe siècle, fermeront définitivement cette voie vers une preuve de l'existence de Dieu à partir de l'ordre du monde (preuve téléologique, ou physico-théologique). Les

4. René Descartes, *Principes de la philosophie*, I, 28.
5. Cette critique spinoziste inspire directement les réflexions de Diderot dans *De l'interprétation de la nature* (LVI, « Des causes finales »).

analyses kantiennes de la *Critique de la raison pure* (1781) sont en général mieux connues que les *Dialogues sur la religion naturelle* (1779). L'argumentation de Hume revêt cependant une rigueur et une subtilité étonnantes ; les *Dialogues* sont un texte de référence pour toute réflexion critique sur la valeur des raisonnements téléologiques.

D'où vient le fait que la biologie a prêté un concours si puissant au discours de Dieu ? Pourquoi le monde vivant a-t-il été si massivement enrôlé dans la cause religieuse ? La science triomphante de l'âge classique semble évacuer Dieu. Pascal ne peut « pardonner à Descartes ; [...] Il n'a plus que faire de Dieu[6] ». Laplace répondra à Bonaparte, qui s'étonnait de ne pas voir figurer Dieu dans son système cosmologique : « Sire, je n'ai pas eu besoin de cette hypothèse. » Mais Laplace s'occupe de mécanique céleste. Pour rendre compte du monde vivant, c'est une autre affaire. À l'époque des Lumières, physique et astronomie semblent menacer l'ordre religieux. La biologie fait alors figure de dernier rempart contre une science qui s'élance à l'assaut du Ciel.

Le Ciel sait-il que la science va prendre, au siècle suivant, une terrible revanche ? La biologie se trouve désormais dans la situation autrefois réservée à l'astronomie : au carrefour d'enjeux idéologiques majeurs. De toutes les sciences, c'est probablement celle dont la portée idéologique — et donc en dernière instance politique — a été la plus grande depuis l'avènement de l'époque moderne.

3. Mécanisme et finalité : énoncé général du problème

3.1 Finalité, mécanisme, hasard

Le problème que pose la finalité est celui de savoir jusqu'à quel point les performances téléonomiques du vivant sont explicables à partir d'une

6. Blaise Pascal, *Pensées*, section II, 77.

causalité purement mécanique. « Mécanique » n'a pas ici son sens cartésien (action et réaction sous forme de chocs), mais désigne la seule causalité *efficiente*, celle qui s'exprime au travers des lois :

> On peut aussi appeler *mécanisme* de la nature toute nécessité d'événements arrivant dans le temps suivant la loi naturelle de la causalité, même si l'on n'entend pas par là que toutes les choses soumises à ce mécanisme doivent être réellement des *machines* matérielles[7].

Ce que Kant appelle ici « mécanisme », le XIXe siècle le nommera « déterminisme ». Le vivant pose le problème de la conciliation de la finalité et du déterminisme : l'action des seules lois naturelles a-t-elle le pouvoir d'engendrer des structures et des comportements aussi nettement articulés à des fins que ceux des organismes vivants ?

Alain expose clairement les termes de l'alternative. On reconnaît ici le programme cartésien :

> Quand nous sommes en présence d'un fait, la première explication qui nous vient à l'esprit, et celle qui suppose le moins d'attention, c'est celle-ci : tel être a voulu, c'est-à-dire s'est proposé une certaine fin, et a orienté des séries de moyens vers cette fin. Cet être, qui a voulu, c'est tantôt la chose même, comme un torrent qui a voulu rompre une digue, tantôt quelque Dieu invisible qui a fabriqué la chose ou la dirige ; par exemple, Jupiter lance la foudre.
>
> Ces explications ont cela de remarquable qu'elles n'expliquent rien du tout. Une chose est expliquée lorsque je puis la prévoir d'après ses conditions, disons mieux, la calculer d'après ses conditions. Ainsi, lorsque, dans une addition, je me trompe de deux dizaines en trop en écrivant un des nombres dont j'ai à faire la somme, je prévois, avec une clarté parfaite, que cette erreur se retrouvera dans le résultat. De même, si je fais agir une roue qui a cent dents sur un pignon qui en a dix, je prévois, avec une clarté parfaite, que le pignon fera dix tours pendant que la roue en fera un. Et personne n'aura l'idée de dire que le pignon tourne plus vite que la roue parce qu'il est plus pressé.
>
> Eh bien, lorsque l'on veut étudier utilement les animaux ou les foules, il ne faut point s'occuper de leurs intentions, mais les considérer, autant qu'on

7. Emmanuel Kant, *Critique de la raison pratique*, « Examen critique de l'analytique ».

peut, comme des mécaniques, très compliquées sans doute, mais dans lesquelles un rouage pousse l'autre[8].

Mécanisme ou déterminisme, c'est toujours le hasard. Cela ne se contredit pas. Certes, on parle de déterminisme dès que les phénomènes obéissent à des lois, alors qu'on invoque le hasard en l'absence de toute loi. Et tandis que la loi permet la prévision, l'aléatoire se trouve du côté de l'imprévisible. Mais le hasard équivaut au déterminisme dès lors que celui-ci agit seul, c'est-à-dire de façon aveugle, sans poursuivre aucune fin. Le déterminisme strict rend compréhensible chaque phénomène particulier comme effet, mais exclut toute compréhension en termes de finalité. Sous le régime de la nécessité, rien ne se produit par hasard, il n'y a pas d'aléatoire ; mais en même temps tout est hasard, rien n'a de sens. Et comme nous ne connaissons que l'esprit pour conférer du sens, viser des fins et mettre en œuvre les moyens pour les atteindre, la question est de savoir dans quelle mesure un esprit préside, et de quelle manière, aux destinées de la vie.

3.2 La solution kantienne

Kant se demande comment concilier les exigences déterministes de la science avec la finalité inhérente aux êtres vivants. Dès 1763, dans un opuscule traitant de *L'Unique Fondement possible d'une démonstration de l'existence de Dieu*, il refuse, comme métaphysique, toute explication par les causes finales. Semblable explication relève de ce que Kant (fidèle à Descartes et à Spinoza) appelle la « raison paresseuse » : en rendant compte d'un effet naturel par une intention surnaturelle, on se dispense de chercher plus loin et on stérilise la recherche scientifique. Pire : le finalisme tourne tôt ou tard à la confusion de la religion qu'il prétendait servir, car la science finit toujours par découvrir les causes physiques des

8. *Propos* du 1er juillet 1907. Alain donne, dans la suite du même *Propos*, un exemple d'analyse mécaniste d'un comportement animal (le chien qui se sèche au soleil). On en trouvera un autre (le ver à soie) dans le *Propos* du 5 décembre 1907. Voir aussi ceux du 26 janvier 1909, 8 mai 1923, 20 mai 1922, 27 mai 1928 (le fourmi-lion) et bien d'autres. Les *Propos* d'Alain sont publiés chez Gallimard, dans la « Bibliothèque de la Pléiade ».

phénomènes. La *Critique de la raison pure* établira que la finalité n'est pas une catégorie de l'entendement, constitutive de l'objectivité, mais une idée de la raison.

Il n'en reste pas moins que cette idée est nécessaire au biologiste, parce que l'expérience que nous avons des structures organiques l'impose comme un fait. Nous nous trouvons donc devant une contradiction apparemment irréductible : l'idée de finalité ne peut aucunement faire connaître le vivant (elle ne peut *rien* faire connaître du tout), mais on ne peut s'en passer si l'on veut comprendre quelque chose à la vie :

> Il est en effet tout à fait certain que nous ne pouvons même pas connaître suffisamment les êtres organisés et leur possibilité interne selon de simples principes mécaniques de la nature et encore moins nous les expliquer ; et cela est si certain que l'on peut avoir l'impertinence de dire qu'il est absurde pour les hommes de s'attacher à un tel projet ou d'espérer que puisse naître un jour quelque Newton qui fasse comprendre la simple production d'un brin d'herbe selon des lois de la nature qu'aucune intention n'a ordonnées ; il faut au contraire absolument refuser cette intelligence aux hommes[9].

Pour sortir de cette aporie, Kant distingue deux usages de la finalité. S'il proscrit tout usage *constitutif* de la notion, il affirme qu'on peut — et qu'on doit — en faire un usage *régulateur*[10]. Qu'est-ce à dire ?

Il est des notions rationnelles dont on ne peut affirmer qu'elles possèdent une réalité objective dans la nature, mais dont la science a besoin, comme idéaux normatifs, comme règles méthodologiques propres à suggérer des hypothèses fécondes. Par exemple, s'il est impossible d'affirmer que la nature est réellement gouvernée par un principe unique, c'est une exigence pour la raison scientifique que de toujours chercher l'unification des forces qu'elle rencontre (ce que fait, par exemple, la physique). Et inversement : partout où elle aperçoit une unité, la science doit l'analyser pour faire apparaître des différences. Un mot attribué à Cuvier illustre ce principe kantien : il aurait avoué qu'il « ne pensait pas que les espèces fussent réelles, mais que la science ne pouvait pas avancer

9. Emmanuel Kant, *Critique de la faculté de juger*, § 75.
10. Appendice à la « Dialectique transcendantale », *Critique de la raison pure*.

sans supposer qu'elles le sont[11] ». De la même façon, la finalité possède une fonction heuristique dans la recherche biologique (on qualifie d'*heuristique* ce qui peut contribuer à la découverte).

Kant n'interdit pas à la science de plier l'ensemble de la nature à des explications mécanistes. Il justifie au contraire par avance la revendication de Claude Bernard dans l'*Introduction à l'étude de la médecine expérimentale* : appliquer aux vivants la méthode expérimentale, fondée sur l'idée d'un déterminisme universel :

> « le *droit de rechercher* un simple mode d'explication mécanique de tous les produits de la nature est en soi illimité[12] ».

Claude Bernard n'est d'ailleurs pas, au sens strict, mécaniste ou matérialiste ; sa philosophie du vivant réalise plutôt un compromis entre ces tendances et un certain vitalisme. Mais sa méthodologie est parfaitement rigoureuse :

> Les manifestations des corps vivants, aussi bien que celles des corps bruts, sont dominées par un déterminisme nécessaire qui les enchaîne à des conditions d'ordre purement physicochimique[13].

> Je me propose donc d'établir que la science des phénomènes de la vie ne peut pas avoir d'autres bases que la science des phénomènes des corps bruts, et qu'il n'y a sous ce rapport aucune différence entre les principes des sciences biologiques et ceux des sciences physicochimiques. En effet, ainsi que nous l'avons dit précédemment, le but que se propose la méthode expérimentale est le même partout ; il consiste à rattacher par l'expérience les phénomènes naturels à leurs conditions d'existence ou à leurs causes prochaines[14].

Mais, après avoir reconnu à la raison le *droit* de chercher aux phénomènes naturels une explication mécanique, Kant s'empresse d'ajouter que

11. Lettre de Lyell à Darwin, du 15 mars 1863.
12. Appendice à la « Dialectique transcendantale », *Critique de la raison pure*, § 80.
13. Claude Bernard,*Introduction à l'étude de la médecine expérimentale*, deuxième partie, chap. 1.
14. *Ibid.*

« le *pouvoir* d'y parvenir est [...] très borné ». La limite de ce pouvoir est précisément tracée par la frontière qui sépare le vivant de l'inerte.

La permission d'explorer les mécanismes qui sous-tendent le vivant s'accompagne donc d'une sérieuse restriction : l'approche mécaniste est impuissante, selon Kant, à saisir le vivant *en tant qu'il est vivant*, c'est-à-dire dans son essence même. Une astronomie, une physique, une chimie mécanistes sont pertinentes, mais pas une biologie. Pour penser le vivant, la finalité est indispensable. Malheureusement, la finalité n'est pas un principe de connaissance. Il en résulte donc que, selon Kant, la vie n'est pas, en tant que telle, objet d'une connaissance possible.

La biologie n'est guère disposée à renoncer à l'ambition qui la définit. N'en déplaise au philosophe, elle prétend bien accéder à la nature même du vivant, à partir des seuls principes mécaniques, par l'analyse physico-chimique (biologie moléculaire), mais aussi par l'histoire de l'évolution des organismes. C'est cet aspect qu'il faut maintenant évoquer, car l'évolution est, pour la biologie moderne, la clef du problème.

5

LES THÉORIES DE L'ÉVOLUTION

Certains — les divers adeptes du créationnisme religieux — nient la réalité même de l'évolution. Il faut dire un mot du créationnisme, non parce qu'il pourrait — si peu que ce soit — se poser en *théorie* alternative aux théories scientifiques de l'évolution, mais parce que les fondamentalismes et intégrismes religieux sont aujourd'hui agressifs. Ils revendiquent désormais que le dogme de la création soit enseigné au même titre que les théories évolutionnistes. Aux États-Unis, ils intentent des procès contre les enseignants qui s'y refusent. Heureusement, toutes les religions n'en sont pas là, et le refus de l'évolution demeure une attitude marginale, contre laquelle plusieurs églises ont récemment adopté une attitude assez nette.

1. LE CRÉATIONNISME

Il n'est pas question de discuter ici les thèses créationnistes, qui ne constituent pas une théorie scientifique. Ce sont des dogmes, supposés vrais une fois pour toutes et objets de foi, c'est-à-dire des corps d'énoncés qui ne satisfont à aucun des critères de scientificité : aucune vérification n'en est possible par observation ou expérience, encore moins une réfutation ; ils ne sont susceptibles d'aucune rectification ; la critique rationnelle n'a pas de prise sur leurs affirmations. Du reste, les créationnistes — animés d'une foi fanatique — sont en général peu sensibles à l'argumentation. Contentons-nous d'une observation : il y a quelque inconséquence à présenter la création divine comme une solution des *difficultés* (certes nombreuses et réelles) des théories évolutionnistes. Qu'y a-t-il de plus *difficile* à penser que la création *ex nihilo* de la matière par un esprit ? Pourquoi, demandait Diderot dans les *Pensées philosophiques*, admettrais-je comme explication de ce que je ne comprends pas, quelque chose que je comprends encore moins ?

Pour semer le doute, les sectes créationnistes (comme les Témoins de Jéhovah) utilisent un procédé peu honnête : on exhibe — à grand renfort de citations — les discussions scientifiques au sujet des *mécanismes* de l'évolution pour faire croire au public qu'il y a, dans la communauté savante, une discussion sur le *fait* de l'évolution. Le créationnisme est en effet une conception *fixiste*, c'est-à-dire qu'il voit dans les espèces vivantes des entités créées une fois pour toutes et demeurant éternellement semblables à elles-mêmes. La seule transformation que le créationnisme consente à envisager au sein des espèces est leur disparition, aucune ne pouvant apparaître à partir des précédentes. Seule la mauvaise foi peut prétendre qu'un débat existe, parmi les biologistes, au sujet de la réalité de la transformation des espèces. On débat certes — et assez âprement — au sujet du *comment*, mais il ne fait de doute pour aucun scientifique que les espèces ont effectivement évolué et se sont engendrées les unes les autres.

Le goût pour les mythes créationnistes, de préférence aux explications par une évolution progressive, répond probablement à une tendance assez profonde de l'esprit. Nous aspirons à connaître l'origine des choses. Une évolution naturelle a quelque chose de prosaïque, tandis qu'une création est une geste héroïque, une belle histoire à raconter. Le mythe génère des héros vénérables, des récits mémorables, des lieux de culte (qu'on songe par exemple aux investigations dont le mont Ararat a fait l'objet). Stephen Jay Gould montre par exemple comment s'est imposé, contre la réalité historique d'une apparition progressive, le mythe d'une création *ex nihilo* du sport national américain : le base-ball[1].

Même si ses buts ne sont pas aussi méprisables, la propagande anti-évolutionniste s'apparente, dans ses méthodes d'argumentation, à l'entreprise négationniste, qui voudrait révoquer en doute la réalité des chambres à gaz dans les camps nazis. Le créationnisme n'est pas un délit, mais il n'y a pas plus de créationnisme scientifique qu'il n'y a d'école « révisionniste » ou « négationniste » chez les historiens. La science n'a pas le pouvoir de prouver qu'un Dieu n'a pas créé le monde à partir de rien il y

1. Stephen Jay Gould, *La foire aux dinosaures*, *op. cit.*, chap. 3.

a six mille ans. Un Dieu qui se serait plu à accumuler dans ce monde les preuves innombrables et convergentes de la transformation des espèces, et d'une durée de plusieurs milliards d'années pour l'existence de la Terre et des êtres vivants qu'elle porte ! Libre à chacun, après tout, d'admettre que la situation de la planète Mars par rapport à la constellation du Lion ou du Verseau influe sur sa vie professionnelle ou ses bonnes fortunes amoureuses. On est ici assuré que la science n'apportera aucun démenti. Les grandes religions ne se confondent pas avec les superstitions naïves. Mais, en revanche, la négation pure et simple du fait de l'évolution des espèces ne vaut pas mieux.

2. Fixisme et transformisme

Au fixisme créationniste s'oppose le *transformisme* : les formes vivantes ont évolué après leur apparition, et les espèces se sont modifiées en même temps qu'elles se disséminaient sur la Terre en s'engendrant les unes les autres.

La biologie est aujourd'hui résolument transformiste. L'évolution n'est plus une hypothèse, ni même seulement une conséquence déduite de multiples preuves. C'est, au cœur de la biologie, un puissant schéma d'unification de connaissances venues d'horizons très divers. Cette affirmation générale ne préjuge cependant pas des mécanismes selon lesquels l'évolution s'est accomplie, de son principe fondamental, de ses péripéties ou de son rythme. Il y a donc plusieurs transformismes.

Il y a de même plusieurs fixismes, et tous ne sont pas d'inspiration religieuse. Que la biologie soit aujourd'hui transformiste ne signifie pas que les théories fixistes n'aient jamais exprimé qu'un point de vue antiscientifique. D'immenses savants, Linné, Cuvier, adoptèrent un point de vue fixiste, contribuant même quelquefois, par leurs observations et leurs découvertes, à préparer sans le savoir le triomphe des idées transformistes.

Réciproquement, l'adhésion au transformisme n'exclut pas une position religieuse. On peut accepter le principe d'une évolution des espèces sans abandonner la création divine, ni même renoncer à voir dans les êtres vivants des réalisations d'une intention surnaturelle. Il suffit de considérer l'évolution comme la réalisation progressive, et pour ainsi dire téléguidée, du plan divin. Le révérend père Teilhard de Chardin (1881-1955) étend ce schéma grandiose au-delà du monde vivant, pour affirmer le caractère téléologique de l'évolution cosmique. La matière inerte tend à la vie, et la vie à la conscience, dans un mouvement qui porte l'univers entier vers l'homme. L'homme, en qui la matière universelle prend conscience d'elle-même, est au cœur d'un processus téléologique de création continuée. Il s'agit en quelque sorte d'un créationnisme évolutionniste. L'œuvre de Teilhard connut un succès considérable, sans doute parce qu'elle bâtissait de vastes constructions théologiques et métaphysiques sur une information scientifique sérieuse. Teilhard de Chardin fut un paléontologiste renommé, soucieux de ne rien renier des acquis de la science moderne.

L'histoire de l'idée d'évolution est longue et complexe. On présentera ici les deux principales versions modernes du transformisme.

3. Jean-Baptiste de Lamarck (1744-1829)

3.1 Lamarck, biologiste maudit

Lamarck souffre de n'être connu qu'à travers la science contemporaine, résolument (dogmatiquement, diront certains) darwinienne. Ce savant symbolise toutes les erreurs, voire les niaiseries dont le génie de Charles Darwin aurait permis de sortir. Vitalisme, finalisme, hérédité des caractères acquis : le pauvre Lamarck est chargé de tous les péchés du monde, y compris ceux dont il est innocent (la biologie lamarckienne n'est pas plus vitaliste que son évolution n'est finaliste) ; et si Lamarck a bien admis que les caractères hérités se transmettaient à la descendance, Darwin ne l'admettra pas moins. Lamarck sert de repoussoir. Tout au plus lui reconnaît-on le mérite d'avoir secoué les vieilles croyances fixistes.

Cette gloire ne lui revient qu'à peine. Vers la fin du siècle des

Lumières, l'idée d'évolution était dans l'air ; de grands esprits la défendaient : Maupertuis, Diderot, Robinet, de Maillet, Érasme Darwin, le grand-père de Charles. Le transformisme darwinien est un exemple typique de ces hypothèses scientifiques qui n'auraient pas attendu bien longtemps si leur auteur n'avait pas existé. On sait qu'Alfred Russell Wallace parvint, à peu près en même temps que Darwin, à l'idée de sélection naturelle. Les conditions étaient mûres. Il fallait par exemple, pour que parût plausible la thèse d'une évolution des vivants, attribuer à la Terre un âge suffisant pour accueillir des processus d'une telle ampleur. Au XVIIe siècle, sur la foi des Écritures saintes, on n'évaluait guère cet âge au-delà de quelques millénaires ; l'évêque Usher, auteur d'une *Chronologie sacrée*, avait calculé la date de la Création : autour de 4004 avant Jésus-Christ. Au siècle suivant, Buffon avance un ordre de grandeur de dizaines, voire de centaines de milliers d'années. Kant, dans son *Histoire générale de la nature et théorie du ciel*, parle en centaines de millions d'années.

On doit à Lamarck la première théorie générale de l'évolution des vivants, publiée en 1809 dans la *Philosophie zoologique*. Ce titre est révélateur : Lamarck est un homme du XVIIIe siècle. Botaniste, puis zoologiste, il incarne la grande tradition, née avec Aristote, des biologistes naturalistes : des esprits synthétiques que leur familiarité avec la diversité des êtres rend capables d'embrasser l'ensemble du monde vivant. Outre ses ouvrages de botanique (on lui doit une *Flore française*), il travaillera, après la *Philosophie zoologique,* à une monumentale *Histoire naturelle des animaux sans vertèbres*. S'il n'est pas isolé dans ses conceptions transformistes, Lamarck les défend dans un climat défavorable. Le fixisme de Cuvier domine, et les idées évolutionnistes, cataloguées « à gauche », ne sont pas en odeur de sainteté dans la France impériale.

3.2 Les principes de l'évolutionnisme lamarckien

La transformation des vivants met en jeu trois facteurs fondamentaux : 1) une tendance irréversible à la complexification ; 2) une variation permanente des circonstances, qui provoque la modification des organismes réagissant à ce changement par un changement de leurs besoins et donc de leurs habitudes ; 3) la transmission des caractères ainsi acquis à la descendance.

L'évolution prend appui sur une tendance inhérente au vivant à se complexifier, c'est-à-dire à se perfectionner sous l'effet de son propre fonctionnement (le transformisme de Lamarck ne se comprend qu'à partir de sa physiologie). Cette tendance à la complexification n'est l'effet d'aucune force spéciale, qui serait étrangère en son essence au monde physique. Lamarck récuse le vitalisme :

> On a dit que les corps vivants avaient la faculté de résister aux lois et aux forces auxquelles tous les corps non-vivants ou de matière inerte sont assujettis, et qu'ils se régissaient par des lois qui leur étaient particulières. Rien n'est moins vraisemblable, et n'est, en effet, moins prouvé, que cette prétendue faculté qu'on attribue aux corps vivants de résister aux forces auxquelles tous les autres corps sont soumis[2].

Bichat définissait la vie comme « l'ensemble des fonctions qui résistent à la mort ». Chez Lamarck, le perfectionnement des organismes ne procède que des contraintes strictement mécaniques inhérentes à leur fonctionnement.

Cette tendance n'est pas non plus téléologique. Aucune fin ne la détermine et Lamarck rejette la finalité aussi nettement que le vitalisme :

> C'est surtout dans les corps vivants, et principalement dans les *animaux*, qu'on a cru apercevoir un but aux opérations de la nature. Ce but cependant n'y est là, comme ailleurs, qu'une simple apparence et non une réalité. En effet, dans chaque organisation particulière de ces corps, un ordre de choses, préparé par les causes qui l'ont graduellement établi, n'a fait qu'amener par des développements progressifs de parties, régis par les circonstances, ce qui nous paraît être un but, et ce qui n'est réellement qu'une nécessité. Les climats, les situations, les milieux habités, les moyens de vivre et de pourvoir à sa conservation, en un mot, les circonstances particulières dans lesquelles chaque race s'est rencontrée, ont amené les habitudes de cette race ; celles-ci y ont plié et approprié les organes des individus ; et il en est résulté que

2. Jean-Baptiste de Lamarck, *Philosophie zoologique*, II, 1809.

l'harmonie que nous remarquons partout entre l'organisation et les habitudes des animaux nous paraît une fin prévue, tandis qu'elle n'est qu'une fin nécessairement amenée[3].

Les conditions d'existence d'un être vivant influent sur la conformation de ses organes. La tendance spontanée à la complexification se heurte à la force des « circonstances ». Mais tous les vivants n'y réagissent pas de la même manière. Le végétal est passif : les modifications des circonstances s'y répercutent directement. Sur l'organisation animale, le milieu agit indirectement, en modifiant les besoins vitaux. Pour satisfaire ses besoins, l'animal accomplit des efforts à la suite desquels il contracte de nouvelles habitudes. Ces habitudes produisent une modification continue de son dispositif corporel :

l'emploi plus fréquent et soutenu d'un organe quelconque fortifie peu à peu cet organe, le développe, l'agrandit et lui donne une puissance proportionnée à la durée de cet emploi ; tandis que le défaut constant d'usage de tel organe l'affaiblit insensiblement, le détériore, diminue progressivement ses facultés, et finit par le faire disparaître.

Ainsi la taupe, dont les yeux se sont atrophiés faute d'usage. L'exemple le plus fameux est bien sûr celui de la girafe, dont le cou s'allonge parce que, de génération en génération, les girafes s'efforcent d'atteindre aux plus hautes feuilles des arbres. On s'abstiendra d'y faire référence avec trop de condescendance si l'on se souvient que Darwin intègre le même exemple à sa démonstration, *et avec le même mécanisme explicatif.*

La fonction crée donc l'organe. Son abscence le fait disparaître :

Il entrait dans le plan d'organisation des reptiles, comme des autres animaux vertébrés, d'avoir quatre pattes dépendantes de leur squelette. [...] Cependant les serpents ayant pris l'habitude de ramper sur la terre, et de se cacher sous les herbes, leur corps, par suite d'efforts toujours répétés pour s'allonger, afin de passer dans des espaces étroits, a acquis une longueur considérable et nullement proportionnée à sa grosseur. Or, des pattes eussent été très inutiles à ces animaux, et conséquemment sans emploi : car des pattes allongées eussent été nuisibles à leur besoin de ramper, et des pattes très courtes,

3. Jean-Baptiste de Lamarck, *Histoire naturelle des animaux sans vertèbres*, I, 1815-1822.

> ne pouvant être qu'au nombre de quatre, eussent été incapables de mouvoir leur corps. Ainsi le défaut d'emploi de ces parties ayant été constant dans les races de ces animaux, a fait disparaître totalement ces mêmes parties, quoiqu'elles fussent réellement dans le plan d'organisation des animaux de leur classe[4].

Le canard a les pattes palmées parce qu'il pousse continuellement sur l'eau. Le cygne et le héron ont le cou allongé parce qu'ils plongent la tête à la recherche d'animaux aquatiques. Les baleines et les oiseaux sont dépourvus de dents parce qu'ils n'en n'ont point l'usage.

On a reproché à Lamarck de supposer, pour expliquer la naissance et l'apparition des organes, une volonté consciente de l'animal. Darwin en a fait des gorges chaudes. Les « efforts » qu'accomplit l'animal pour satisfaire à ses besoins n'ont pourtant rien à voir avec une intention délibérée ; ils ne traduisent que la poussée des « fluides » en mouvement dans le corps de l'animal, autant dire une cause rigoureusement physique. Le mouvement de la vie n'est donc autre chose que l'effet constamment variable de la rencontre de deux forces : une force (interne) tendant au développement, se heurte à la résistance d'une force (externe) qui la limite en même temps qu'elle lui donne l'occasion d'agir. De ce conflit naît la diversité des espèces. La création devient inutile : « Tous les corps organisés sont de véritables productions de la nature qu'elle a successivement organisées. »

Ces transformations subies passent aux générations suivantes par hérédité. Lamarck admet l'hérédité des caractères acquis, conviction universellement répandue à son époque. On parle improprement d'« hérédité lamarckienne », puisque Darwin l'admet aussi ; mieux : Darwin en propose une explication (proche de celle de Maupertuis) dans *La Variation des animaux et des plantes sous l'effet de la domestication.* Lamarck n'explique pas les mécanismes de cette transmission (sa théorie de la reproduction et son embryologie ne sont guère développées) ; il s'avise encore bien moins d'en chercher des vérifications expérimentales (ce que d'autres avant lui : Bonnet, Haller, avaient tenté). Lacune dommageable,

4. Jean-Baptiste de Lamarck, *Philosophie zoologique*, I, 1809.

compte tenu de l'importance stratégique, pour l'ensemble du système lamarckien, de cette hérédité.

3.3 Le monde vivant selon Lamarck

Lamarck accepte la génération spontanée : la vie naît de la matière inerte. Ce point nécessite quelques explications. On sait que Pasteur, au terme d'une démonstration demeurée exemplaire dans les annales de la méthode expérimentale, conclura à l'impossibilité de toute génération spontanée. Mais il faudra attendre pour cela un demi-siècle (autour de 1860). À l'époque de Lamarck, la question était loin d'être tranchée. Beaucoup d'expériences avaient été tentées, qui avaient donné des résultats contradictoires. Redi (1626-1697) concluait à l'impossibilité, Needham (1713-1781) à la possibilité de la génération spontanée. Les enjeux de la question dépassent la biologie. Si la génération spontanée était possible, on pouvait envisager que les êtres vivants fussent *apparus*, sans qu'il ait été nécessaire de les créer. La croyance en la génération spontanée allait en général de pair avec des convictions matérialistes et athées[5]. La génération spontanée permet de se passer de la Genèse, et c'est dans cet esprit que Lamarck l'accueille dans son système (il ne semble pas qu'il faille accorder trop d'importance aux allusions au « sublime Auteur de la Nature », dont Lamarck parsème ses écrits).

Cette génération spontanée n'est pas un événement originel, l'avènement d'une souche unique qui aurait accouché des espèces ultérieures. Elle s'accomplit constamment, pour peu que les conditions soient favorables, et assure un renouvellement « par le bas » du vivant. La génération spontanée n'a pas le pouvoir de faire surgir *ex nihilo* des organismes complexes, mais seulement des êtres élémentaires. Les premiers se forment à partir des seconds, mais il y faut du temps. C'est là peut-être l'un des apports majeurs de Lamarck à la biologie. Buffon s'était auparavant avisé de l'importance du facteur temps, mais il n'avait pas proposé,

5. Voir par exemple Victor Hugo, *Les Misérables* (1862), première partie, livre Ier, chap. VIII.

comme le fait Lamarck, une théorie générale de l'engendrement des formes vivantes — individus et espèces — à travers la durée. Buffon voyait plutôt dans le temps un principe de dégradation, de « dénaturation » des espèces. Avec Lamarck, le temps devient ce qui permet à la matière inerte de produire des vivants.

Lamarck fait descendre l'homme directement du singe. Les restrictions apparentes qu'il pose à sa thèse ne vont pas au-delà des clauses habituelles de prudence : « Si l'homme n'était distingué des animaux que relativement à son organisation [...] », dit Lamarck. Mais c'est exactement ce qu'il pense, puisque, contrairement à Buffon, qui tenait encore pour un dualisme de type cartésien, il voit dans la pensée humaine une production matérielle du système nerveux. L'homme étant la forme la plus complexe, celle que l'évolution ne peut produire qu'en dernier, il est nécessairement issu des souches les plus anciennes.

Tous les vivants meurent : leur matière retourne à l'état minéral, où elle redevient disponible pour une nouvelle ascension évolutive, à condition qu'une génération spontanée relance le processus. La nature organique est donc un ensemble de cycles dont la combinaison présente une stabilité dynamique. Mais ce dynamisme demeure caché :

– D'abord parce qu'à l'échelle des durées humaines, la nature nous semble immobile. La campagne d'Égypte avait permis aux savants d'étudier des animaux momifiés il y a trois mille ans ; constatant que ces animaux ne différaient en rien de leurs congénères actuels, ils en avaient tiré des conclusions fixistes, et l'affaire paraissait entendue. Mais c'est là, rétorquait Lamarck, juger des durées géologiques à l'aune de l'existence humaine.

– Ensuite parce que, considéré à n'importe quel instant du temps, l'ensemble des espèces vivantes donne à voir une échelle ininterrompue des perfections, un système complet et harmonieux au sein duquel ne peut s'observer aucune lacune : s'il s'en produisait une, les forces à l'œuvre dans la nature auraient tôt fait de la combler. Pour un peu, on croirait à une création, et c'est d'ailleurs bien ce qui s'est passé.

Chez Lamarck, rien ne prévoit une disparition des espèces vivantes. La génération spontanée étant permanente, si la nature connaissait les catastrophes majeures que suppose Cuvier (*Discours sur les révolutions de la surface du globe*), elle n'aurait aucun mal à réemprunter les voies déjà suivies pour aboutir aux formes vivantes les plus complexes. Il lui faudrait simplement du temps. En revanche, Lamarck ignorant la concurrence dont Darwin fera si grand cas, les durées les plus considérables n'ont aucune raison de venir à bout d'espèces vivantes de mieux en mieux adaptées. C'est pourquoi l'existence des fossiles n'offre paradoxalement au transformisme de Lamarck aucune confirmation ; au contraire, il ne sait trop que faire de ces animaux préhistoriques, dont il attribue la disparition à une action humaine. Au même moment, Cuvier triomphait, fondant sur l'investigation des documents fossiles un fixisme intransigeant : l'absence de formes intermédiaires entre les animaux disparus et les espèces actuelles prouve qu'entre les uns et les autres n'existe aucune parenté. Certes, le fondateur de la paléontologie jetait sans le savoir les bases d'une victoire définitive du transformisme, mais en attendant, Lamarck allait demeurer dans l'ombre de Cuvier.

Lamarck n'eut pas de chance. Il vint trop tôt ou trop tard pour peser sur le destin de la biologie. Trop tôt, car sa physiologie (théorie des fluides) ignore la perspective chimique où la biologie ne va pas tarder à s'engager et le rattache au XVIIIe siècle ; trop tôt encore, car la position de Cuvier (qui tient aussi à des facteurs institutionnels) reste inattaquable. Trop tard, car un demi-siècle après la *Philosophie zoologique*, Darwin allait publier *L'Origine des espèces*.

4. Charles Darwin (1809-1882)

4.1 De Darwin au darwinisme

Les biologistes ont coutume de faire de *L'Origine des espèces* la date de naissance de la science moderne du vivant. Le maître-livre de Darwin constitue une rupture épistémologique décisive, mais on ne doit pas confondre avec la pensée de Darwin lui-même ce qui s'est constitué après lui sous le nom de *darwinisme*. Il en va de Darwin comme de Marx, qui admirait le grand naturaliste et lui avait même adressé un exemplaire du *Capital*. Il serait ridicule de suggérer que le darwinisme actuel couvre une trahison. Mais on trouve beaucoup de choses, assez différentes, sous cette appellation (comme on en trouve aussi sous celle de marxisme). Il sera impossible, ici, de lever totalement cette ambiguïté. Faute de place, nous renonçons à suivre, après Darwin, les étapes successives de la constitution du darwinisme (néo-darwinisme, théorie synthétique de l'évolution).

En histoire des sciences, on ne peut éviter la démarche que Bachelard appelait *récurrente* : une théorie passée doit être évaluée à l'aune de ses résultats ultérieurs. « C'est le présent qui illumine le passé. » Mais Bachelard ajoutait que ces récurrences doivent être maniées avec quelques précautions, sans lesquelles on risque toujours d'attribuer à une découverte un sens qu'elle n'avait pas, parce qu'elle ne pouvait pas l'avoir à l'époque où elle eut lieu. La théorie de l'évolution est exposée à ce genre de méprise, et Darwin n'y a pas échappé. Le sens et la portée de la révolution darwinienne ne sont apparus qu'*a posteriori*, à la lumière de la génétique, soit un bon demi-siècle plus tard. Il y a pas mal d'hésitations dans la démarche de Darwin. Ceux qui explorent des terres inconnues sont bien excusables d'y errer un peu. Par exemple, en présentant la sélection naturelle sur l'exemple de la girafe, on oublie de dire que, pour ce cas précis, Darwin intègre à sa théorie l'explication lamarckienne :

> En ce qui concerne la girafe, la conservation continue de quelque ruminant éteint, devant à la longueur de son cou, de ses jambes, etc., la faculté de brouter au-dessus de la hauteur moyenne, et la destruction continue de ceux qui ne pouvaient pas atteindre à la même hauteur, auraient suffi à produire ce quadrupède remarquable ; mais l'usage prolongé de toutes les parties, ainsi que l'hérédité, ont dû aussi contribuer de manière importante à leur coordination[6].

Ce qui permet à Darwin d'affirmer qu'il n'y a

> aucun doute sur ce point : que l'usage, chez nos animaux domestiques, renforce et développe certaines parties tandis que le non-usage les diminue ; et, en outre, que ces modifications sont héréditaires[7].

6. Charles Darwin, *L'Origine des espèces*, chap. VII, 1859.
7. *Ibid.*, chap. V.

Autre erreur : se représenter les idées de Darwin sous l'aspect d'un système parfaitement cohérent, jailli d'un seul coup de son esprit. *L'Origine des espèces* couronne des années d'un travail monumental, mais fut rédigé dans une certaine précipitation. Il y avait urgence, car Darwin risquait de voir la priorité de sa découverte lui échapper (il ne dut qu'à la diligence de ses amis de coiffer Wallace sur le poteau). Sitôt publié, l'ouvrage dut affronter de périlleuses objections ; soucieux de n'en négliger aucune, l'auteur imagina des parades. Il est de l'essence de la science de procéder par rectifications. Mais celles de Darwin offrent toutes les caractéristiques de ce que l'épistémologie appelle une hypothèse *ad hoc*, c'est-à-dire une conjecture gratuite, dépourvue de fondement dans l'observation, et que ne justifie que sa capacité à protéger le système contre une difficulté théorique. Sur la variation, en particulier, il dut plusieurs fois procéder par ajouts et modifications. Au bout du compte, la théorie darwinienne de l'évolution ressemble à un grenier passablement encombré.

Il n'y a pas à minimiser la portée de *L'Origine des espèces*, mais dans le domaine scientifique, personne n'a intérêt à laisser s'installer des mythes hagiographiques.

4.2 Les principes du transformisme darwinien

Comme Lamarck, Darwin admet que les espèces s'engendrent les unes les autres. Il retient le principe gradualiste (attribué à Linné) : la nature ne fait pas de sauts. L'évolution, dira Darwin, est « une belle succession d'étapes progressives ». Tous les darwiniens ne partagent pas cette conviction. Le 23 novembre 1859, veille de la parution de *L'Origine des espèces*, Thomas Henry Huxley avertit son ami : « Vous vous êtes encombré d'une difficulté inutile en adoptant le *Natura non fecit saltum* sans la moindre réserve. » Plus récemment, Gould et Eldredge ont suggéré que l'évolution, loin de s'opérer par variations insensibles, pouvait accomplir de brusques sauts qui correspondraient aux épisodes de spéciation (théorie des équilibres ponctués). En dépit de ces points communs, les principes retenus par Darwin pour rendre compte de l'évolution s'avèrent profondément originaux.

Ernst Mayr résume les cinq observations et les trois déductions qui fondent la révolution darwinienne. Il ne faut dire qu'avec prudence que Darwin part de « faits » (comme le prétend Ernst Mayr), car dans le domaine scientifique, il n'y a jamais de fait brut immédiatement donné. Un fait est toujours construit ; il est au moins choisi, c'est-à-dire découpé dans un réel qui en contient potentiellement une infinité. C'est aussi un « fait » que les chiens engendrent des chiens et les chats des chats ; c'est encore un « fait » qu'on n'a jamais vu aucune espèce se constituer par variation et sélection naturelle. C'est ce genre de « faits » que ressassent les créationnistes contre la théorie de l'évolution.

• Observation 1 : la fécondité des espèces conduirait, si tous les individus se reproduisaient, à une croissance exponentielle.

• Observation 2 : à l'exception de fluctuations occasionnelles, les populations restent stables.

• Observation 3 : les ressources naturelles (nourriture, espace) sont limitées et à peu près constantes dans un environnement stable.

• Observation 4 : dans une population donnée, aucun individu n'est identique à aucun autre (variabilité).

• Observation 5 : beaucoup de ces variations se transmettent par hérédité.

• Déduction 1 : des observations 1, 2 et 3, on infère que l'accroissement naturel des populations dépasserait les capacités de l'environnement si une concurrence entre les individus n'en éliminait un grand nombre. On ne peut ignorer ici la dette de Darwin vis-à-vis de Malthus (1766-1834) et de son *Essai sur le principe de population*, qui défend l'idée d'un déséquilibre entre la croissance (géométrique) des populations humaines et celle (arithmétique) de leurs ressources.

• Déduction 2 : de cette première déduction et de l'observation 4, on déduit que l'issue de cette concurrence dépend (statistiquement), pour les individus, de leurs capacités propres à en affronter les contraintes (sélection naturelle).

• Déduction 3 : des déductions 1 et 2 et de l'observation 4, on conclut qu'à travers la succession des générations, la sélection naturelle conduit à une transformation graduelle des populations, qui débouche sur l'apparition de nouvelles espèces.

Darwin affirme la parenté et l'ascendance commune de toutes les espèces vivantes. Ordre, famille, genre se constituent par diversification, au fur et à mesure qu'on s'éloigne de l'ancêtre commun. L'origine de la vie est unique. L'apparition d'espèces nouvelles est régie par deux paramètres : la taille des populations et la fréquence des variations.

4.3 Ce que signifie le concept de *sélection naturelle*

La clef de voûte du système est la sélection. C'est l'idée la plus délicate à cerner dans le darwinisme, et celle qui a prêté aux plus nombreux contresens. La variation pose des problèmes à Darwin parce qu'il en ignore les mécanismes, que révélera au siècle suivant la génétique (les mutations). Mais il convient de se méfier de l'apparente évidence du concept de « sélection naturelle ».

Selon Darwin, les procédés utilisés par les agronomes et les éleveurs dans la sélection artificielle sont également à l'œuvre dans la nature, où ils opèrent plus lentement et de manière inconsciente :

> Faut-il donc s'étonner, quand on voit que des variations utiles à l'homme se sont certainement produites, que d'autres variations, utiles à l'animal dans la grande et terrible bataille de la vie, se produisent dans le cours de nombreuses générations ? Si ce fait est admis, pouvons-nous douter (il faut toujours se rappeler qu'il naît beaucoup plus d'individus qu'il n'en peut vivre) que les individus possédant un avantage quelconque, quelque léger qu'il soit d'ailleurs, aient la meilleure chance de vivre et de se reproduire ? Nous pouvons être certains, d'autre part, que toute variation, si peu nuisible qu'elle soit à l'individu, entraîne forcément la disparition de celui-ci. J'ai donné le nom de *sélection naturelle* ou de *persistance du plus apte* à cette conservation des différences et des variations individuelles favorables et à cette élimination des variations nuisibles. Les variations insignifiantes, c'est-à-dire qui ne sont ni utiles ni nuisibles à l'individu, ne sont certainement pas affectées par la sélection naturelle et demeurent à l'état d'éléments variables, tels que peut-être ceux que nous remarquons chez certaines espèces poly-

morphes, ou finissent par se fixer, grâce à la nature de l'organisme et à celle des conditions d'existence[8].

La dernière remarque est intéressante. En admettant des variations *neutres* au regard de la sélection, Darwin préfigure la récente théorie du Japonais Motoo Kimura. La théorie *neutraliste* de l'évolution n'exclut pas la sélection naturelle, mais affirme que la plupart des mutations génétiques, sélectivement neutres, rendent compte du polymorphisme par un phénomène de dérive génétique aléatoire.

Que fait la sélection ? Elle n'empêche pas seulement un être de se reproduire en le tuant avant qu'il n'ait procréé. Sont aussi sélectionnés les caractères favorisant l'obtention d'un partenaire sexuel, en écartant un rival ou en orientant le choix du partenaire. La sélection sexuelle a été fort discutée, parce qu'elle comportait des implications bizarres, voire choquantes. Affirmer que les plumes du paon, les bois du cerf, les cornes de certaines antilopes sont des ornements destinés à séduire les femelles, c'est prêter à des animaux une sensibilité esthétique que beaucoup se refusèrent même à envisager. L'éthologie a pourtant produit des exemples bien plus étonnants encore. Darwin transpose même à l'homme l'idée de sélection sexuelle, non sans révéler au passage quelques préjugés sexistes.

Les plus aptes survivent et transmettent leurs caractéristiques aux générations suivantes, les propageant ainsi dans les populations. L'expression « survie du plus apte » a parfois été jugée tautologique[9]. Comment se définit une aptitude, sinon par ce simple fait, justement, qu'on soit encore là quand les autres n'y sont plus ? La sélection n'assurerait que la survie… de ceux qui survivent ! Un éleveur définit selon ses désirs certaines aptitudes : avoir davantage de lait, de viande, des plantes résistant au gel, etc. Mais la nature ne pouvant viser aucun but, elle manque d'un critère d'aptitude relativement auquel la sélection aurait un sens. C'est l'analogie de la sélection naturelle avec la sélection artificielle qui fait problème.

8. Charles Darwin, *L'Origine des espèces*, chap. III.
9. C'est la critique de Tom Bethell : *L'Erreur de Darwin*, Harper's, 1976.

Stephen Jay Gould examine cette objection[10], montrant qu'elle atteint effectivement un traitement purement théorique et mathématique de la sélection naturelle. « Dans la nature, dit-il, la “supériorité d'un gène” s'exprime par le nombre des individus survivants porteurs de ce gène, mais elle ne se définit pas par celui-ci. » Cette définition est possible *a priori*, à partir d'un environnement donné ou d'une modification de cet environnement, et elle repose sur l'aptitude à assurer une fonction donnée (vision, course, résistance au froid, etc.). Ce qui veut dire que si la sélection procède par élimination, elle n'a pas pour seul résultat l'élimination. Elle est aussi, dans la mesure bien sûr où elle s'exerce sur le matériau de la variation, créatrice de formes. Cette création n'est pas inventive, comme celle de l'artiste (ou de Dieu) ; la sélection ne trie qu'au sein de ce qui existe déjà. Mais elle organise, produit de l'adaptation et de la diversité.

Les effets de la sélection naturelle se manifestent au niveau des espèces et des populations, et se mesurent en termes statistiques. Ils apparaissent aussi au niveau des rapports écologiques, souvent complexes, qui définissent les équilibres naturels. Darwin fait ici montre d'une grande finesse d'analyse, et certains exemples sont célèbres. Si la fécondation du trèfle rouge a besoin du bourdon, seul capable d'en atteindre le nectar, et si la quantité de bourdons dépend de celle des souris des champs qui détruisent leurs nids, comme la quantité de souris dépend de celle des chats, il est possible, conclut Darwin, que la floraison d'une plante dans une contrée soit en relation avec la densité de chats qu'on y rencontre. En termes modernes, il y a entre ces organismes *coadaptation*, et l'ensemble s'appelle un *écosystème*.

> On peut dire, par métaphore, que la sélection naturelle recherche, à chaque instant et dans le monde entier, les variations les plus légères ; elle repousse celles qui sont nuisibles ; elle travaille en silence, insensiblement, partout et toujours, dès que l'occasion s'en présente, pour améliorer tous les êtres organisés relativement à leurs conditions d'existence organiques et inorganiques. Ces lentes et progressives transformations nous échappent jusqu'à ce que, dans le cours des âges, la main du temps les ait marquées de son empreinte,

10. Dans *Darwin et les grandes énigmes de la vie*, chap. 4.

et alors nous nous rendons si peu compte des longues périodes géologiques écoulées que nous nous contentons de dire que les formes vivantes sont aujourd'hui différentes de ce qu'elles étaient autrefois[11].

Ce texte doit être lu avec précautions. À présenter la sélection comme une puissance quasi surnaturelle, qui viserait consciemment à l'amélioration des êtres, on pourrait en accréditer une image radicalement fausse. Ce ne sont — nous avertit Darwin — que des métaphores. Mais ce recours aux images a quelquefois porté tort au darwinisme, soupçonné de réintroduire des intentions dans la nature.

On a récemment suggéré que la sélection naturelle avait en fait les gènes pour cible. C'est la théorie dite du « gène égoïste », proposée par Richard Dawkins. Un organisme vivant ne serait qu'un dispositif dont se dote l'ADN pour s'assurer une descendance. Cette conception ne fait pas l'unanimité, mais semble heuristiquement assez féconde, notamment dans l'approche de certaines questions d'éthologie. On verra un peu plus loin qu'elle permet une approche intéressante des comportements altruistes, dont on voit mal comment rendre compte par la sélection naturelle (censée ne sanctionner que ce qui avantage les individus). La conception que Schopenhauer défend dans sa *Métaphysique de l'amour* en offre une préfiguration philosophique.

4.4 Évolution et perfection

La création évolutive de formes vivantes n'est pas un progrès dont on pourrait suivre les étapes au cours des âges géologiques.

Chez Lamarck, l'évolution consiste en une complexification progressive et irréversible. Jamais la nature ne s'engage dans des voies sans issue. Non qu'elle sache où elle va, mais le perfectionnement procède de contraintes physiques. Cette complexification diachronique se retrouve dans le plan synchronique sous la forme d'un ordre naturel des perfections qui culmine en l'homme. Il n'y a là aucun anthropocentrisme, car les critères de hiérarchisation : complexité et différenciation, sont obser-

11. Charles Darwin, *L'Origine des espèces*, chap. IV.

vables, voire mesurables. Certains êtres sont donc réellement *supérieurs* à d'autres. Un vertébré est plus organisé qu'un invertébré, la reproduction sexuée est supérieure à la reproduction asexuée, et le système nerveux introduit une perfection plus grande. Ce n'est pas parce qu'il en est l'auteur que l'homme s'attribue la première place dans la hiérarchie, c'est parce qu'il occupe réellement cette place qu'il peut seul définir une hiérarchie.

« Nous abordons ici un sujet fort compliqué », note Darwin. Il ne peut nier une certaine tendance à la complexification dans l'évolution de la vie. Mais il refuse d'assimiler cette tendance à une loi. Cette complexification a lieu quelquefois, mais manque souvent de se produire. S'il y a bien, comme le voulait Lamarck, « une tendance innée et fatale de tous les êtres vers la perfection », « pourquoi les formes les plus perfectionnées n'ont-elles pas partout supplanté et exterminé les formes inférieures » ? On connaît la réponse de Lamarck : parce que la génération spontanée alimente souterrainement le courant ascendant de la vie. Darwin propose une explication différente :

> Quel avantage y aurait-il, autant que nous pouvons en juger, pour un animalcule infusoire, pour un ver intestinal, ou même pour un ver de terre, à acquérir une organisation supérieure ? Si cet avantage n'existe pas, la sélection naturelle n'améliore que fort peu ces formes et elle les laisse, pendant des périodes infinies, dans leurs conditions inférieures actuelles[12].

La notion de supériorité est ambiguë. Et avec elle, celles de perfection et de progrès. Au sens lamarckien, un organisme est supérieur à un autre à proportion de la différenciation de ses parties et de leur spécialisation pour différentes fonctions. L'idée de supériorité reçoit ici un contenu objectif, absolu. Mais que vaudrait cette supériorité si elle ne conférait à l'organisme, dans le milieu où il évolue, la capacité d'y survivre et de s'y reproduire ? En un second sens, relatif cette fois, est supérieur celui qui satisfait mieux aux contraintes du milieu. Mais la meilleure adaptation ne va pas nécessairement avec la plus haute complexité. Une Formule 1 est

12. Charles Darwin, *L'Origine des espèces*, chap. V.

très à l'aise sur un circuit ; sur un chemin forestier, elle ne vaut pas une bicyclette.

4.5 La question du progrès

L'évolution est-elle un progrès ? Darwin hésite. Qui parle de progrès doit fixer des critères. Complexité ou adaptation ? Aucun organisme n'est parfaitement adapté à son milieu, aucun n'est tout à fait inadapté, sinon il aurait disparu.

Ce qui pourrait servir de critère, c'est *l'adaptabilité* : la capacité d'un vivant à faire face à d'éventuelles modifications de son milieu, à réagir sur la base de ses possibilités actuelles. Et ici, évidemment, on est tenté d'accorder un certain privilège à l'homme, à qui son intelligence confère une plasticité adaptative évidente. Mais ce pourrait bien être une erreur : qui sait si les facultés intellectuelles de l'homme ne joueront pas, au-delà d'un certain point, contre ses chances de survie ? L'autre critère peut être la *complexité*. Mais outre la question de savoir s'il est légitime de confondre complexité et perfection, on rencontre une autre difficulté : l'évolution des vivants, depuis que nous en possédons des traces fossiles, fait-elle ou non apparaître un processus de complexification ? Biologistes et paléontologistes ne sont même pas d'accord sur le *fait*.

L'orientation darwinienne de la biologie contemporaine l'a conduite à insister sur les aspects aléatoires de l'évolution, son imprévisibilité, et le caractère fondamentalement contingent de son résultat : les formes vivantes telles qu'elles existent aujourd'hui, et en particulier, bien sûr, l'homme :

> Je ne crois pas qu'aucune règle de l'évolution dise que les choses doivent devenir plus complexes [...]. Nous nous intéressons à l'accroissement de la complexité parce que durant le cours de l'évolution certaines choses sont devenues plus complexes, nous y compris... et que nous nous intéressons à nous-mêmes. Nous avons tendance à voir l'évolution comme une sorte de long progrès régulier allant depuis la première trace de vie jusqu'à nous, mais nous savons bien que l'évolution est une arborescence, avec une ramification allant jusqu'à nous, tandis que d'autres branches n'ont amené aucun

accroissement de complexité. Depuis l'origine des cellules procaryotes, voilà plus de trois milliers de millions d'années, les bactéries, par exemple, ne sont pas devenues plus complexes. Nous avons l'image d'un accroissement de la complexité, en partie parce que nous y sommes intéressés, en partie parce que les premiers objets à s'être répliqués devaient forcément être très simples, puisqu'ils ont pu apparaître par des processus physicochimiques, avant que la sélection naturelle intervienne. Donc évidemment, si l'on voit d'un côté les objets très simples par lesquels tout a commencé, et certains objets très complexes au bout d'une ramification de l'arbre, on constate une sorte de tendance lourde vers la complexité. Mais je crois que c'est une illusion[13].

Lamarck refusait de ne voir que contingence dans l'histoire du vivant. Il pensait au contraire que

> Les animaux sont des productions de la nature [...]. Elle possède dons les moyens de produire ces choses. On est même fondé à penser qu'elle les produirait de la même manière, et par les mêmes voies, si elles n'existaient point[14].

C'est que, pour Lamarck, l'évolution n'est pas réellement une histoire. Elle ne connaît pas d'accidents de parcours. Darwin affirme au contraire qu'elle aurait pu suivre des chemins différents. C'est l'un des thèmes favoris de Stephen Jay Gould :

> On est obligé à présent de regarder l'imposant spectacle de l'évolution de la vie comme un ensemble d'événements extraordinairement improbables, parfaitement logiques en rétrospective et susceptibles d'être rigoureusement expliqués, mais absolument impossibles à prédire et tout à fait non reproductibles. Si l'on pouvait rembobiner le film de l'évolution de la vie jusqu'à ses débuts à l'époque du schiste de Burgess, et recommencer son déroulement à partir d'un même point de départ, il y aurait bien peu de chance pour que quelque chose de semblable à l'intelligence humaine vienne agrémenter la nouvelle version de l'histoire[15].

---

13. John Maynard Smith, entretien avec *La Recherche*, n° 296, p. 32.
14. Jean-Baptiste de Lamarck, *Histoire naturelle des animaux sans vertèbres*, I.
15. Stephen Jay Gould, *La vie est belle*, Préface. L'ouvrage est tout entier consacré à cette question de la contingence dans l'histoire de la vie, à partir d'une étude du schiste de Burgess, gisement de fossiles situé en Colombie britannique.

Gould insiste sur les extinctions de masse : bouleversements si soudains que les espèces disparaissent non pas à cause d'un défaut d'adaptation, mais au hasard. Gould parle de « décimation ». Il en conclut au caractère extraordinairement improbable de l'homme et même de la conscience.

Le monde vivant, fruit des hasards de la sélection, n'est pas un « ordre naturel ». Ni les données de l'anatomie comparée et de la paléontologie, ni la distribution et la répartition des espèces sur la Terre, ni l'étude du développement embryologique ne suggèrent un plan préconçu. Pour le darwinisme, la notion d'ordre naturel paraît trop compromise avec le créationnisme pour recevoir le moindre contenu scientifique. André Pichot voit là une difficulté[16]. On ne voit pas en quoi la contingence de l'histoire évolutive imposerait d'exclure *a priori* tout ordre naturel. L'ordre observable dans les formes cristallines ou dans la structure de l'univers (système solaire, galaxies, amas et super-amas), pas plus que la classification périodique des éléments chimiques (Mendeleïev) ne sont regardés par les physiciens comme des indices d'une Providence divine ! Pourquoi le vivant ferait-il exception ?

16. André Pichot, *Histoire de la notion de vie*, Paris, Gallimard, 1993, p. 834.

6

LA SIGNIFICATION ÉPISTÉMOLOGIQUE DU DARWINISME : HASARD, NÉCESSITÉ ET FINALITÉ

1. Le hasard

On invoque fréquemment, pour parler du darwinisme, la notion de hasard. Un livre célèbre a popularisé ce couple : *Le Hasard et la nécessité*[1]. Comment la théorie darwinienne intègre-t-elle la notion de hasard[2] ?

Une mutation n'est pas un miracle. Que les mutations se produisent au hasard, cela ne signifie point qu'elles n'aient aucune cause, mais qu'elles surviennent indépendamment de leur intérêt adaptatif ; elles ne sont pas orientées dans le sens d'une quelconque utilité. Le réchauffement actuel du climat ne provoquera aucune mutation favorable à ce changement (allégement de la fourrure, par exemple). Simplement, au sein d'une population donnée, la sélection favorisera ceux qu'une mutation aura rendus capables de vivre dans des milieux moins froids.

La théorie de l'adaptation par sélection naturelle évacue la finalité à tous les niveaux, tant à celui de la constitution des organismes individuels qu'à celui du schéma de l'arbre évolutif. François Jacob note à ce sujet :

> Ce qu'a montré Darwin avec la sélection naturelle, c'est la *possibilité* de remplacer l'intention, le dessein qui semble guider l'évolution du monde vivant, par un système de causalité physique. Un mécanisme, simple dans son principe, permet de simuler les actions qu'une volonté dirige vers un but. But et volonté signifient qu'une intention précède l'action ; qu'un projet d'adaptation préexiste à la réalisation des structures. La théorie de la sélection naturelle consiste très précisément à retourner cette proposition. Les structures se forment d'abord. Ensuite elles sont triées par les exigences de la

1. Jacques Monod, *Le Hasard et la nécessité*, *op. cit.*
2. Pour une analyse générale de la notion de hasard, voir l'excellent article de l'*Encyclopaedia universalis*.

> vie et de la reproduction. Ne peuvent persister que celles accordées à leur milieu. C'est de ce renversement, de cette sorte de révolution copernicienne que vient l'importance de Darwin pour notre représentation de l'univers et de son histoire. En théorie, toute séquence d'événements qui, *a posteriori*, paraît orientée vers un but peut être expliquée par un mécanisme physique, par une série d'essais avec élimination des erreurs[3].

Cette dernière phrase sonne comme un démenti formel à ce qu'affirmait Kant dans la *Critique de la faculté de juger* (voir chap. 4, 3.2). Le « Newton du brin d'herbe » existe : il s'appelle Darwin[4].

Mais si la théorie darwinienne consiste à « retourner » l'affirmation selon laquelle « un projet d'adaptation préexiste à la réalisation des structures », ce « retournement » doit laisser subsister quelque chose de l'idée de finalité (retourner n'est pas supprimer). Si la sélection naturelle effectue un tri, il lui faut un critère, et ce critère, c'est l'adaptation. La sélection naturelle ne peut effectuer son tri qu'en fonction de la capacité d'un organisme à satisfaire à un certain nombre d'exigences imposées par le milieu, exigences qui se traduisent par la nécessité d'assurer certaines fonctions. Or, l'idée de fonction renvoie inévitablement à celle de finalité. Ne peut-on penser — qu'on l'en félicite ou qu'on le lui reproche — que Darwin a au fond conservé la finalité, à l'intérieur même du schéma de la sélection naturelle, à travers le concept d'adaptation[5] ? C'est en effet le cas, et de plusieurs façons.

La sélection conserve et dissémine les modifications *utiles* (de même que dans la sélection artificielle, l'homme promeut les caractères qui lui sont utiles). Cette notion d'utilité, omniprésente sous la plume de Darwin,

---

3. François Jacob, *Évolution et réalisme*, Librairie Payot - Librairie de l'université, Lausanne, 1974.
4. Georges Canguilhem voit en Claude Bernard, affirmant la valeur du déterminisme dans l'étude des phénomènes biologiques, le premier « Newton du brin d'herbe » (*Études d'histoire et de philosophie des sciences*, Paris, Vrin, 1975, p. 149).
5. André Pichot en fait grief à Darwin et plus encore au darwinisme : n'avoir pas su se débarrasser du paradigme cartésien de l'animal-machine. Ce paradigme machiniste vient de Galien, qui le fonde sur une théologie. En remplaçant Dieu par la sélection naturelle, le darwinisme conserverait l'essentiel du paradigme, et manquerait le vrai mécanisme, aperçu par Descartes dans son embryologie, c'est-à-dire au niveau du développement de l'organisme et non de son fonctionnement. Voir André Pichot, *Histoire de la notion de vie, op. cit.*, chap. V, II, 2, C, p. 384 *sq.* et conclusion.

est au cœur de la théorie sélectionniste. Il devient donc naturel, *a posteriori*, de l'appliquer à l'étude des organismes, et de se demander, devant telle ou telle caractéristique d'un végétal ou d'un animal, à quoi cela peut bien servir. C'est d'ailleurs de cette façon que Kant recommandait d'en user : on ne saurait affirmer que les êtres vivants résultent d'un projet, qu'ils réalisent une intention consciente, mais le biologiste doit faire *comme si*. La recherche des causes finales ne relève pas d'une démarche scientifique ; mais on peut et on doit faire de l'idée de finalité un « usage régulateur », c'est-à-dire heuristique[6].

2. LÉGITIMITÉ DE L'IDÉE DE FINALITÉ ; SON USAGE HEURISTIQUE

2.1 Un « concept opérateur »

Jusqu'à un certain point, le biologiste a besoin de la question : « À quoi ceci sert-il ? » pour comprendre les organismes. Mais il a longtemps répugné à penser en termes de finalité, parce qu'il n'osait pas sortir du schéma strictement mécaniste imposé par les sciences « dures » (comme la physique). C'est la fameuse boutade de von Brücke : « la téléologie [...] est comme une femme sans qui le biologiste ne peut pas vivre mais dont il a honte d'être vu avec elle en public ».

François Jacob invite les biologistes à se libérer de ce complexe :

> La finalité de l'organisme [...] n'a pas seulement reçu une consécration officielle ; elle fonctionne désormais comme un concept opérateur, comme un outil d'analyse. [...] Quelle signification pourrait bien avoir un mécanisme ajustant la production d'un métabolite à son utilisation, sinon une économie de matériaux et d'énergie ? Ou les changements de conformation que subit l'hémoglobine, sinon de favoriser le transport de l'oxygène et du gaz carbonique ? Et cela ne vaut pas seulement pour l'étude des structures, mais bien

6. Gérard Lebrun (*Kant et la fin de la métaphysique*) montre la nécessité de distinguer, en fait, l'usage régulateur d'une idée de son usage simplement heuristique. Cette distinction n'est pas ici décisive.

évidemment aussi pour l'étude du comportement dans bien des aspects. C'est à des fins précises que l'anguille migre chaque année dans la mer des Sargasses ; que la cigale chante en été ; que le pigeon se pavane devant sa pigeonne[7].

Claude Bernard s'était avisé de l'utilité heuristique de la finalité. On connaît bien ses expériences d'ablation et de mutilation : pour identifier la fonction d'un organe, on le supprime ou l'on neutralise son action. John Maynard Smith prétend qu'on n'a pu comprendre la fonction de certaines parties du corps qu'après que l'industrie humaine a pu construire des machines analogues servant à les modéliser ; par exemple, on cesse de prendre le cœur pour un dispositif servant à réchauffer le corps à partir du moment où l'on fabrique des pompes. Weismann compare l'hérédité des caractères assurée par le plasma germinatif aux signaux du télégraphe. S'interrogeant sur la valeur heuristique des modèles artificialistes en biologie, François Jacob se réfère au modèle linguistique : dès qu'on a assimilé le génome à un texte, on a supposé que ce texte devait comporter des signes de ponctuation, qu'on a cherchés ; et on a effectivement trouvé dans la séquence du génome des sections qui correspondent à des signes de ponctuation[8].

2.2 Finalité et avantage sélectif

En termes darwiniens, on pose la question : Quel avantage adaptatif un organisme peut-il retirer de telles structure ou de tel comportement ? « À quoi, à qui cela sert-il ? », est souvent la question pertinente.

La biologie darwinienne s'est par exemple interrogée sur les comportements altruistes, qui contredisent *a priori* l'idée d'une sélection des caractères avantageux aux individus. La sélection naturelle ne connaît rien de l'intérêt (présent ou à venir) de l'espèce, ni de l'écosystème. La sélection naturelle ne voit que des individus. Pourquoi un oiseau crie-t-il pour avertir ses congénères de l'arrivée d'un prédateur, au risque d'attirer sur lui

7. François Jacob, *Évolution et réalisme*, *op. cit*

8. « The Linguistic Model in Biology », in Roman Jakobson : *Echoes of his Scholarship*. Voir aussi : *La Nouvelle Critique*, octobre 1971.

l'attention, au lieu de s'enfuir le premier ? Il faut chercher à quoi sert un tel comportement (pour l'individu). On peut interpréter le comportement du crieur comme avantageux pour lui. Par exemple, accompagné dans sa fuite par toute la troupe, le crieur a moins de chance de se faire repérer et capturer[9].

Mais on montre aussi que les animaux peuvent aller jusqu'à des comportements altruistes impliquant le sacrifice, dans la mesure où ces comportements assurent une descendance plus efficace à leur patrimoine génétique. Si l'on part du principe que ce qui cherche à se perpétuer dans l'organisme, ce sont les gènes, si un être vivant n'est qu'un instrument que les gènes ont mis au point pour se perpétuer (Dawkins), alors un comportement altruiste peut devenir avantageux. Si je sauve trois de mes frères en me sacrifiant, je perpétue 150 % de mon patrimoine génétique. Cela peut expliquer ce qui arrive chez certaines espèces de fourmis dont les femelles (qui se développent à partir d'œufs fécondés) sont diploïdes, mais dont les mâles (issus d'œufs non fécondés) sont haploïdes[10]. Il en résulte un déséquilibre génétique entre mâles et femelles, qui se retrouve dans la différence (mesurable) des soins que les ouvrières consacrent respectivement aux uns et aux autres. Il ne faut pas se représenter la sélection naturelle comme une victoire du plus costaud ou du plus méchant, il faut aussi remettre en cause l'idée (qu'on trouve chez Freud) d'une civilisation qui aurait eu à polir des comportements naturellement agressifs. L'altruisme a pu aussi être favorisé dans la nature.

2.3 Finalité et bizarreries naturelles

C'est une idée maîtresse de Darwin que les anomalies et les bizarreries du monde vivant prouvent beaucoup mieux l'évolution que ses réussites adaptatives. Quoi d'étonnant à ce que la sélection naturelle ait produit des ailes, des nageoires ou des crochets venimeux, dont l'utilité adaptative

9. Stephen Jay Gould, « Groupes altruistes et gènes égoïstes », in *Le Pouce du panda*, *op. cit.*, chap. 8.
10. Un individu haploïde ne possède que la moitié du jeu de chromosomes.

saute aux yeux ? C'est aussi l'argument principal des créationnistes. Il est plus difficile d'expliquer par un mécanisme sélectif que les kiwis pondent des œufs six fois plus gros — relativement à leur taille — que les autres oiseaux, ou que les hommes (qui n'allaitent pas) possèdent des mamelons[11]. Mais si l'on y arrive, on s'assure d'un avantage évident sur la thèse providentialiste, qui aura bien du mal à justifier les étrangetés de la nature. Darwin ne s'intéresse pas aux cas dans lesquels la nature imite les réalisations d'un créateur tout-puissant. Il cherche plutôt à reconstituer, au sein du monde organique, des chemins que jamais une Providence intelligente n'aurait suivis. Cette méthode trouve un prolongement dans l'idée, proposée par François Jacob, d'un « bricolage » de l'évolution[12].

La sélection naturelle explique ainsi un certain nombre d'irrationalités apparentes de la nature. On peut se demander pourquoi les arbres de la forêt atteignent des tailles si importantes. Chacun se trouve en compétition avec les autres pour la lumière solaire. Un principe d'économie sagement appliqué commanderait qu'aucun arbre ne dépasse une petite taille : chacun recevrait ainsi, pour une dépense d'énergie moindre, sa part de rayonnement. Mais un tel résultat supposerait une intention présidant globalement à l'écosystème forestier, ce qui n'est pas le cas. Chacun poursuit son intérêt égoïste, et la sélection naturelle favorise les arbres qui s'élèvent un peu plus haut. Richard Dawkins compare cette situation à ce qu'on observe à la cantine à midi, où chacun élève la voix pour se faire entendre dans le brouhaha général, alors qu'il serait de l'intérêt de tous qu'on s'en tînt à un chuchotement général.

La théorie de la sélection naturelle implique donc un double renversement : ce qui semble viser une fin résulte d'un processus mécanique aveugle, mais ce qui semble ne correspondre à aucune fin — et même défier le bon sens — peut avoir une réelle utilité adaptative. Toutefois, cette recherche des fonctions adaptatives d'un dispositif organique est

---

11. Stephen Jay Gould, *La Foire aux dinosaures*, *op. cit.*, chap. 7 et 8. Pour la critique de l'adaptationnisme, voir bibliographie.
12. François Jacob, *Le Jeu des possibles*, Paris, Fayard, 1981, chap. 2 : « Le bricolage de l'évolution ».

difficile à régler, car elle peut devenir, si l'on n'y prend garde, un redoutable obstacle épistémologique[13].

3. La finalité comme obstacle épistémologique

3.1 Critique de l'adaptationnisme : une théléologie renversée

Kant indique le principe méthodologique qui doit guider l'étude du vivant :

> Un produit organisé de la nature est un produit dans lequel tout est fin et réciproquement aussi moyen. Rien en lui n'est gratuit, sans fin, ou imputable à un mécanisme naturel aveugle[14].

Mais le biologiste regarde ce principe avec une certaine méfiance. Il faudrait que nul aspect du monde vivant ne fût dépourvu d'une signification évolutive. La finalité se réintroduit par le biais d'une interprétation systématique et exclusive du monde vivant en termes d'adaptation. Mais c'est sans doute une erreur de vouloir à tout prix justifier chaque caractère morphologique ou comportemental par un avantage en termes de sélection darwinienne. Bien sûr, Kant fait observer qu'« il est tout à fait impossible de jamais *prouver* qu'une disposition de la nature, quelle qu'elle soit, n'ait pas du tout de fin[15] ». Sans doute faut-il toujours se poser la question, mais il se pourrait que beaucoup de choses ne servent à rien.

Darwin avait lui-même mis en garde contre ce retour subreptice de la téléologie par le biais de l'adaptation. Il évoque l'exemple des sutures du crâne. Les mammifères ont en effet une grosse tête, qui aurait du mal à passer par le col de l'utérus si ces sutures ne conféraient au crâne la souplesse requise :

---

13. La notion d'obstacle épistémologique est thématisée par Gaston Bachelard dans *La Formation de l'esprit scientifique*.
14. Emmanuel Kant, *Critique de la faculté de juger*, § 66.
15. Emmanuel Kant, *Critique de la raison pure*, « Dialectique transcendantale », appendice.

> On a pensé que les sutures du crâne des jeunes mammifères seraient une magnifique adaptation à une meilleure parturition, et il n'y a pas de doute qu'elles facilitent, ou sont peut-être indispensables à l'accomplissement de cette fonction ; mais comme les crânes des jeunes oiseaux et des reptiles sont munis de ces sutures, alors que ces animaux n'ont qu'à s'échapper d'un œuf cassé, on en déduit que ces sutures résultent des lois de la croissance, et que les animaux supérieurs en ont tiré parti.

Stephen Jay Gould étudie le problème des œufs du kiwi, un oiseau qui pèse environ 2 kg. Selon la loi du rapport taille de l'œuf/taille de l'oiseau, les œufs du kiwi devraient peser entre 50 et 100 grammes. Or le kiwi pond des œufs de plus de 400 g, ce qui correspond à un oiseau d'une douzaine de kilos. À quoi peut bien servir un œuf si gros ? On peut en montrer l'utilité adaptative : les gros œufs des kiwis assurent une nourriture abondante au poussin (d'autant plus qu'ils sont exceptionnellement riches en jaune) :

> Devons-nous en conclure que ceux-ci ont été élaborés par la sélection naturelle sur la base de ces avantages ? Cette supposition — qui se fonde sur une extrapolation irréfléchie de l'utilité présente d'une structure à la raison de son apparition — représente, à mes yeux, l'erreur la plus grave et la plus répandue au sein de ma discipline, car cette induction erronée sous-tend des centaines d'histoires classiquement avancées pour expliquer les mécanismes de l'évolution. J'aime à caractériser cette erreur de raisonnement par une phrase qui devrait avoir le statut de théorème : *Il ne faut pas mettre le signe égal entre l'utilité présente d'une structure et son origine historique* ; autrement dit, lorsque vous avez démontré qu'un trait donné fonctionne bien, vous n'avez pas résolu le problème de savoir comment, quand et pourquoi il est apparu[16].

Les kiwis n'ont pas de gros œufs parce que la sélection les a favorisés, mais

> parce que les kiwis sont les descendants nains d'oiseaux de grandes dimensions et n'ont fait que suivre les lois ordinaires de l'allométrie au cours de leur évolution[17].

16. « Les œufs du kiwi et la cloche de la liberté », in *La Foire aux dinosaures*, *op. cit.*, chap. 7.
17. *Ibid.*, p. 113.

François Jacob remarque l'erreur qu'il y aurait à concevoir le cerveau humain comme un dispositif parfaitement adapté à sa mission :

> Contrairement à l'ingénieur, le bricoleur qui cherche à améliorer son œuvre préfère souvent ajouter de nouvelles structures aux anciennes plutôt que de remplacer celles-ci. Il en est fréquemment de même avec l'évolution, comme le montre notamment le développement du cerveau chez les mammifères. Le cerveau, en effet, ne s'est pas développé selon un processus aussi intégré que, par exemple, la transformation d'une patte en aile. [...] Formation d'un néocortex dominant, maintien d'un antique système nerveux et hormonal, en partie resté autonome, en partie placé sous la tutelle du néocortex, tout ce processus évolutif ressemble fort à du bricolage. C'est un peu comme l'installation d'un moteur à réaction sur une vieille charrette à cheval. Rien d'étonnant s'il arrive des accidents[18].

Prétendre repérer une nécessité adaptative dans les moindres détails du vivant, c'est négliger l'aspect essentiel de la théorie darwinienne, à savoir d'être une conception historique :

> [...] Nous bâtissons de ce fait (en imagination) un monde parfait, pas tellement différent de celui que concoctèrent au XVIIIe siècle les théologiens de la nature, qui « prouvaient » l'existence de Dieu par la parfaite architecture des organismes[19].

Pour le darwinisme, toute structure biologique est le produit d'une histoire. La sélection naturelle y joue bien sûr un rôle, mais elle ne travaille jamais que sur des variations préalables. Elle fait du neuf avec du vieux. Selon le mot de François Jacob, elle « bricole ». Les structures actuelles conservent donc des vestiges des anciennes, et l'on trouve des choses bizarres, incongrues, inutiles. Un organisme n'est pas un assemblage de pièces que la sélection s'appliquerait à rendre, une par une, aussi performantes que possible. C'est une totalité dont la structure globale comporte un certain nombre de contraintes. Darwin ne semble avoir qu'entrevu cet aspect, mais des naturalistes, Gœthe, Geoffroy Saint-

18. François Jacob, *Le Jeu des possibles*, *op. cit.*, chap. 2, pp. 74-75.
19. Stephen Jay Gould, *Quand les poules auront des dents*, *op. cit.*, chap. 11, p. 165.

Hilaire, et plus récemment d'Arcy Thompson[20], ont étudié ces contraintes liées à la structure morphologique ou au développement.

3.2 L'être vivant comme champ de bataille

Mieux : on s'aperçoit qu'au niveau de la structure moléculaire du gène, beaucoup de choses pourraient n'avoir aucune utilité fonctionnelle. Si l'ADN ne contenait que les informations requises pour la construction de l'organisme, sa taille correspondrait à la complexité de cet organisme ; or, on observe une corrélation extrêmement irrégulière : les variations de taille des chromosomes ne correspondent pas à la quantité d'information exprimée. Chez l'homme, environ 5 % du génome est « actif », c'est-à-dire qu'au sein de la molécule d'ADN, des millions de séquences (les *introns*), ne codent pour aucune protéine. On découvrira peut-être une fonction pour ces introns, mais tout se passe comme si s'étaient accumulés dans ces séquences tous les résidus et les ratages d'une évolution passée. Il y a pire encore que de l'ADN inutile : certains gènes semblent se comporter en véritables parasites et ne poursuivre, dans la mécanique génétique, d'autre but que leur propre réplication. L'organisme qui porte ces gènes n'en tire aucun bénéfice apparent, et même peut en pâtir, puisqu'ils sont capables de détruire l'information portée par des séquences voisines. Le patrimoine génétique n'apparaît plus comme la belle machinerie dont le moindre rouage est consacré à la noble tâche de fabriquer un être vivant, mais plutôt comme le rassemblement passablement disparate d'individualités œuvrant pour leurs buts égoïstes.

4. Grandeur et difficultés du darwinisme

4.1 La certitude de l'évolution des espèces

L'évolution est un fait indiscutable, dont on s'épuiserait à énumérer les preuves. Les mécanismes de cette évolution font en revanche l'objet de

20. D'Arcy Thompson, *Forme et croissance*, réédition Seuil-CNRS, 1994.

recherches et de débats. Le darwinisme, enrichi et rectifié par les apports successifs de la biologie, est aujourd'hui la théorie scientifique des mécanismes de cette évolution. *La* théorie, parce qu'aujourd'hui, aucune autre n'est disponible. Même ceux qui en critiquent certains aspects, voire en rejettent les principes fondamentaux, ne proposent aucune théorie de substitution.

Dans la mesure où elle porte sur une histoire, la théorie de l'évolution ne peut procéder à aucune observation ni expérimentation directes. De plus, la paléontologie ne livre des vestiges qu'en quantité infinitésimale ; l'historien de la période la moins documentée dispose de sources d'information infiniment plus riches. Cette théorie n'en intègre pas moins une quantité innombrable d'observations effectuées dans tous les domaines. Elle fait l'objet de vérifications multiples. Parmi les plus frappantes, celles qui viennent de la biologie moléculaire : le séquençage du génome permet de retrouver les parentés phylétiques proposées par la paléontologie.

Les gènes qui assurent les fonctions fondamentales du métabolisme cellulaire se retrouvent à peu près chez tous les organismes eucaryotes avec la même structure chimique. Mais cette similitude ne s'observe que pour les parties du gène (les *exons*) qui codent effectivement pour une protéine, et dont l'expression est donc indispensable au fonctionnement normal de l'organisme. Les sections non codantes (*introns*) présentent au contraire des structures beaucoup plus variables d'un individu à l'autre. Cette observation confirme la thèse darwinienne : la sélection naturelle n'a pu qu'éliminer les mutations qui auraient mis en péril le fonctionnement de l'organisme, tout en les laissant s'accumuler dans des portions du génome où n'est programmée aucune fonction vitale.

4.2 Les difficultés de la théorie de l'évolution

Comme toute théorie scientifique, l'évolution se trouve devant d'immenses questions, soulevées par son progrès même. Elle se heurte aussi aux réticences du sens commun, qui répugne à concevoir que la prodigieuse diversité des vivants, en même temps que leurs étonnantes propriétés téléonomiques, procèdent exclusivement de la sélection naturelle. Le sens commun n'est pas un très bon juge de la valeur des théories scientifiques. Le sentiment d'évidence qu'il dispense ne reflète pas la vérité, mais les capacités — historiquement limitées — de l'esprit humain moyen. Le mouvement de la Terre ne répugnait pas moins au sens commun des contemporains de Copernic ou de Galilée. Curieusement, n'importe qui croit pouvoir critiquer la théorie de l'évolution, alors qu'il ne viendrait à l'idée de personne de contester la relativité ou la mécanique quantique, qui ne sont pourtant pas avares de paradoxes ! La technicité mathématique des théories physiques les met à l'abri du profane. Il faut dire que l'histoire de la vie nous importe tout de même davantage que la structure de la matière-espace-temps !

La théorie darwinienne de l'évolution n'est pas non plus aussi solide que nos théories physiques. Relativité et mécanique quantique ont reçu de l'observation et de l'expérience des confirmations trop nombreuses et trop précises pour être récusées. La seconde est au fondement d'une multitude d'applications techniques. On ne peut pas en dire autant du darwinisme.

Le mécanisme de la variation est loin d'être élucidé. Il n'est plus tout à fait sûr qu'on puisse parler de hasard pur. On ne connaît pas toutes les causes possibles des mutations. Ces mutations, si elles affectent les gènes régulateurs du développement, ne sont plus les « petites variations successives » que supposait Darwin. On ne peut donc plus accepter le principe du gradualisme évolutif (« La nature ne fait pas de sauts »). La spéciation ne peut procéder que de discontinuités marquantes. Mais il est encore bien difficile de savoir comment naissent des espèces nouvelles. La part de la sélection naturelle dans ce processus n'est pas établie. Et si plus personne ne met en doute la réalité de la sélection, il est présomptueux d'affirmer (comme le font certains biologistes) qu'elle suffit à expliquer l'adaptation. Au fur et à mesure que progresse la biologie, la place qu'occupe la sélection naturelle dans la théorie de l'évolution est de plus en plus solide en même temps que de plus en plus limitée.

Thomas Kuhn explique que les sciences traversent alternativement deux types de phases[21]. En phase « normale », une science exploite un ensemble de concepts, de lois, de théories cohérents qui constituent ce qu'il appelle un *paradigme* (l'attraction newtonienne, l'optique ondulatoire, ou bien la théorie darwinienne) ; cette science progresse alors dans sa capacité à expliquer son domaine, en intégrant les données recueillies par observations et expériences. Mais lorsque ces données cessent d'être cohérentes avec le paradigme, s'ouvre pour la science une période de crise, dont elle ne sortira qu'en produisant un nouveau paradigme, plus puissant, intégrant toutes les données disponibles (en même temps que le paradigme précédent). Il est difficile de dire dans quelle situation se trouve aujourd'hui la biologie. Cette situation est peut-être moins « normale » — au sens de Kuhn — que ne le prétendent certains biologistes. Le darwinisme s'y trouve en situation paradigmatique tout à fait typique. Mais nul ne peut affirmer que la biologie ne connaîtra plus désormais qu'un développement linéaire, se contentant d'aménager le détail des théories dont elle dispose. C'est un fait qu'à l'heure actuelle, il n'existe aucune alternative scientifique au darwinisme et à la sélection naturelle. Mais vingt ans avant Einstein et Planck, qui pouvait imaginer la relativité ou les quanta ?

21. Thomas Kuhn, philosophe et historien des sciences américain, auteur de *La Structure des révolutions scientifiques*.

7

LES CONSÉQUENCES DE LA RÉVOLUTION DARWINIENNE

1. Le darwinisme, critique de l'anthropocentrisme

Le transformisme biologique a provoqué dans la pensée humaine l'une des révolutions les plus profondes qu'elle ait connues. Le nom de Darwin est en général attaché à cette révolution, parce que la biologie a fait sienne l'hypothèse de la sélection naturelle, rejetant la conception lamarckienne. Mais il n'est pas essentiel — du moins dans un premier temps — qu'on explique l'évolution par tel ou tel mécanisme. Dans tous les cas, c'est la conception même de l'homme qui se trouve bouleversée.

D'abord parce qu'on ne considère plus l'homme comme un être isolé dans la création, mais comme une espèce parmi d'autres au sein du règne animal. Le transformisme nie toute rupture ontologique, toute différence essentielle de l'animal à l'homme. Darwin ne nie pas que l'homme se distingue des autres espèces mais, désormais, la frontière ne passe plus entre l'animal et l'homme : elle traverse l'homme lui-même, comme être où la culture se constitue sur la base de l'animalité. Une formule, scientifiquement peu exacte mais philosophiquement dépourvue d'ambiguïté, scellera cette conséquence : « L'homme descend du singe. » Notons que l'évolution culturelle qui se superpose à cette filiation biologique obéit, elle, à un principe strictement lamarckien : l'accumulation des acquis transmis de génération en génération.

Mais si l'évolution biologique s'accomplit par variations et sélection naturelle, elle est un processus aléatoire, qui ne poursuit aucune fin, et dont l'homme est par conséquent un résultat, mais sûrement pas le but. L'homme est peut-être le produit le plus perfectionné de la nature, mais il n'en apparaît plus comme le projet. Le conflit était inévitable avec la religion, pour qui la création a un sens, dont l'homme est à la fois l'objet et l'enjeu. La science a rompu, pour parler comme Jacques Monod, l'« ancienne alliance » de la nature et de l'homme, alliance aux termes de laquelle celui-ci se considérait comme le centre et la fin de celle-là[1]. Les conséquences de cette rupture n'ont pas fini de se faire sentir.

Sigmund Freud voit dans l'évolutionnisme darwinien l'une des trois blessures narcissiques que la science a infligées à l'homme. La première est venue de la cosmologie, lorsque Copernic a montré que l'homme ne se trouvait pas au centre de l'univers. On doit à Darwin la critique de la deuxième illusion anthropocentriste :

> L'homme s'éleva, au cours de son évolution culturelle, au rôle de seigneur sur ses semblables de race animale. Mais, non content de cette prédominance, il se mit à creuser un abîme entre eux et lui-même. Il leur refusa la raison et s'octroya une âme immortelle, se targua d'une descendance divine qui lui permettait de déchirer tout lien de solidarité avec le monde animal. [...] les travaux de Charles Darwin, de ses collaborateurs et de ses prédécesseurs, ont mis fin à cette prétention de l'homme voici à peine un peu plus d'un demi-siècle. L'homme n'est rien d'autre, n'est rien de mieux que l'animal, il est lui-même issu de la série animale, il est apparenté de plus près à certaines espèces, à d'autres de plus loin. Ses conquêtes extérieures ne sont pas parvenues à effacer les témoignages de cette équivalence qui se manifestent tant dans la conformation de son corps que dans ses dispositions psychiques. C'est là cependant la seconde humiliation du narcissisme humain : l'humiliation *biologique*[2].

Le troisième coup porté à l'illusion narcissique le fut, on le devine, par Freud lui-même : la théorie de l'inconscient est censée montrer que le moi n'est pas maître chez lui. Acceptons l'interprétation freudienne, mais introduisons une nuance. Si l'homme a dû renoncer aux prérogatives qu'il s'était indûment accordées en se plaçant au centre et au sommet de la création, de même qu'en se croyant maître en sa propre individualité psychique, il ne doit qu'à lui-même d'avoir abdiqué ses prétentions.

1. Jacques Monod, *Le Hasard et la nécessité*, *op. cit.*, chap. 9, p. 210 *sq.*
2. Sigmund Freud, « Une difficulté de la psychanalyse », in *Essais de psychanalyse appliquée*, Gallimard, traduction française de Marie Bonaparte.

Husserl a montré que la révolution copernicienne ne chassait pas l'homme, mais seulement la Terre, de sa position centrale. Darwin prouve, en contraignant l'homme à contempler son origine animale, que l'homme est plus qu'un animal, car ce que nous savons de l'évolution, aucun autre animal ne le sait. Il en va de même pour la théorie freudienne du psychisme : elle dépossède l'homme de la pleine conscience de soi, mais cette conscience est retrouvée par le mouvement même qui en dissipe les illusions.

2. Le darwinisme social et l'eugénisme

Dans la seconde moitié du XIXe siècle, *L'Origine des espèces* va connaître un immense succès, et la théorie darwinienne gagner en Europe de nombreux adeptes. Cet héritage dépasse de loin le cadre des sciences biologiques, et se constitue rapidement en paradigme pour la pensée sociale et politique : c'est le « darwinisme social ». Georges Vacher de Lapouge écrit dans *Les Sélections sociales* :

> Darwin, en formulant le principe de la lutte pour l'existence et de la sélection, n'a pas seulement révolutionné la biologie et la philosophie naturelle : il a transformé la science politique. La possession de ce principe a permis de saisir les lois de la vie et de la mort des nations, qui avaient échappé à la spéculation des philosophes.

Ces lois, qu'il nous est désormais permis de connaître, il devient possible de les utiliser — exactement comme le fait la technique humaine dans l'univers matériel — pour diriger le cours de l'évolution humaine. L'expression « darwinisme social » désigne moins une théorie précise qu'elle n'exprime une préoccupation caractéristique de l'époque. Tout le XIXe siècle a rêvé d'appliquer aux sociétés humaines la méthode qui avait si bien prouvé son efficacité dans la nature, méthode dont Auguste Comte formule le principe : « Science, d'où prévoyance ; prévoyance, d'où action[3]. » Comprendre les mécanismes de l'histoire humaine pour accélé-

3. Auguste Comte, *Cours de philosophie positive*, « Deuxième leçon ».

rer sa marche au progrès, faire de la politique une science, ces idées viennent de Condorcet, et passeront chez Marx comme chez Comte. Dès lors qu'apparaît la filiation naturelle de l'espèce humaine s'impose l'idée qu'on doit pouvoir l'améliorer en agissant sur son fondement biologique. Cette action peut s'envisager de deux manières :

1. comme un prolongement volontariste d'une tendance naturelle. Une politique sélectionniste, eugénique ou raciste continue l'œuvre de la sélection naturelle ; il s'agit d'accomplir lucidement (donc plus efficacement et plus rapidement) ce que la nature réalise de façon aveugle ;

2. comme une correction des effets pervers induits par les institutions et la vie sociale.

Car la civilisation vient entraver le libre jeu des lois de la nature. Dans la préface qu'elle a rédigée pour la première traduction française de *L'Origine des espèces*, Clémence Royer tance notre civilisation chrétienne pour son laxisme :

> La loi de sélection naturelle, appliquée à l'humanité, fait voir avec surprise, avec douleur, combien jusqu'ici ont été fausses nos lois politiques et civiles, de même que notre morale religieuse. Il suffit d'en faire ressortir ici un des vices le moins souvent signalés, mais non pas l'un des moins graves. Je veux parler de cette charité imprudente et aveugle pour les êtres mal constitués où notre ère chrétienne a toujours cherché l'idéal de la vertu sociale et que la démocratie voudrait transformer en une source de solidarité obligatoire, bien que sa conséquence la plus directe soit d'aggraver et de multiplier dans la race humaine les maux auxquels elle prétend porter remède. On arrive ainsi à sacrifier ce qui est fort à ce qui est faible, les bons aux mauvais, les êtres bien doués d'esprit et de corps aux êtres vicieux et malingres. Que résulte-t-il de cette protection inintelligente accordée exclusivement aux faibles, aux infirmes, aux incurables, aux méchants eux-mêmes, enfin à tous les disgraciés de la nature ? C'est que les maux dont ils sont atteints tendent à se perpétuer indéfiniment ; c'est que le mal augmente au lieu de diminuer, et qu'il s'accroît de plus en plus aux dépens du bien. Pendant que tous les soins, tous les dévouements de l'amour et de la pitié sont considérés comme dus aux représentants déchus ou dégénérés de l'espèce, rien ne tend à aider la force naissante, à la développer, à multiplier le mérite, le talent ou la vertu.

Ces propos ont de quoi effrayer, et suscitèrent (autant que la théorie darwinienne elle-même) de fortes réticences. Mais on aurait tort de crier au contresens ou à la trahison. Darwin lui-même écrira, dans *La Descendance de l'homme et la sélection sexuelle* :

> Chez les sauvages, les individus faibles de corps ou d'esprit sont promptement éliminés, et les survivants se font promptement remarquer par leur vigoureux état de santé. Quant à nous, hommes civilisés, nous faisons, au contraire, tous nos efforts pour arrêter la marche de l'élimination ; nous construisons des hôpitaux pour les idiots, les infirmes et les malades ; nous faisons des lois pour venir en aide aux indigents ; nos médecins déploient toute leur science pour prolonger autant que possible la vie de chacun [...]. Les membres débiles des sociétés civilisées peuvent donc se reproduire indéfiniment. Or, quiconque s'est occupé de la reproduction des animaux domestiques sait, à n'en pas douter, combien cette perpétuation des êtres débiles doit être nuisible à la race humaine.
>
> Il devrait y avoir concurrence ouverte pour tous les hommes, et on devrait faire disparaître toutes les lois et toutes les coutumes qui empêchent les plus capables de réussir et d'élever le plus grand nombre d'enfants.

Chez Darwin, toutefois, ces intuitions ne donneront pas lieu, comme chez Galton, Wallace ou Spencer, à une théorie eugénique en bonne et due forme. Plus qu'à Darwin, c'est à ses disciples qu'on doit la fortune d'expressions comme « lutte pour la vie » ou « survie des plus aptes ».

Étymologiquement, *eugénisme* renvoie à l'idée d'une « bonne race ». L'eugénique est depuis la préhistoire une pratique courante des agriculteurs et des éleveurs ; la sélection artificielle s'est attachée avec succès à produire des variétés de végétaux et d'animaux plus performantes. Techniquement, il n'y a aucune raison pour que le principe ne s'applique pas à l'homme. C'est un cousin de Darwin, Francis Galton, qui préconise la chose, et invente le mot. Galton nourrissait une passion pour tout ce qui concerne la mesure, voyant (non sans raisons) dans la possibilité de mesurer le critère de la valeur scientifique d'une théorie ; il avait cherché — et trouvé ! — des méthodes pour tout mesurer : la beauté, l'ennui, et même l'efficacité de la prière. Il avait fondé une revue au nom évocateur : *Biometrika* et créé avec Léonard Darwin, fils aîné du naturaliste, une

Société d'éducation eugénique. En mesurant l'intelligence et d'autres dispositions humaines, qu'il tenait bien entendu pour héréditaires, il prétendait pouvoir améliorer l'espèce humaine[4].

Les principes de la sélection naturelle et de la concurrence vitale peuvent donc désormais fonder une morale et une politique. S'il n'est pas possible d'exonérer tout à fait Darwin de ce qu'on a appelé le « darwinisme social », il n'est pas pour autant permis de lui imputer tout ce qu'a pu inspirer l'application de sa théorie à la politique. On sait ce qu'ont donné les idées eugénistes de Galton et de ses semblables. Au tournant du siècle, le « darwinisme social » rencontre d'autres théories : l'anthropologie raciste qu'Arthur de Gobineau expose en 1854 dans son *Essai sur l'inégalité des races humaines* et d'autres traditions : un vieux fond de romantisme, de nationalisme et d'hostilité à la démocratie. Le mouvement de la colonisation trouve dans l'idée d'une suprématie des meilleurs une puissante légitimation. Une idéologie se constitue ici, qui pèsera lourd sur le destin du siècle suivant. Les livres de Gustave Le Bon, Édouard Drumont et Alexis Carrel sont d'énormes succès de librairie[5]. L'idéologie nazie procède pour une part de cet héritage, ainsi que l'antisémitisme qui lui servira de relais dans de nombreux pays européens, dont la France. L'entreprise hitlérienne de préservation d'une soi-disant « race aryenne », la stérilisation des individus « inférieurs » ou leur extermination, en découlent directement. C'est à cet usage que furent destinées les premières chambres à gaz du Troisième Reich.

3. Les modèles biologiques du social

En perdant sa singularité de créature façonnée, l'homme perd les privilèges moraux et juridiques inhérents à ce statut. Des notions comme celles

4. Sur Francis Galton et l'eugénisme en général (spécialement aux États-Unis), voir le livre de Stephen Jay Gould : *La Mal-Mesure de l'homme*, Paris, Odile Jacob, 1997, (1re éd. Paris, Ramsay, 1983).
5. Gustave le Bon : *Les lois psychologiques de l'évolution des peuples. Psychologie des foules* ; Édouard Drumont : *La France juive* ; Alexis Carrel : *L'Homme, cet inconnu.*

de dignité humaine ou de droits de l'homme peuvent-elles se prévaloir d'un fondement objectif si l'homme n'est qu'un être naturel parmi d'autres ? Qu'on en juge par ce texte, assez représentatif d'un courant anthropologique et social né du darwinisme :

> Tout homme est apparenté à tous les hommes et à tous les êtres vivants. Il n'y a donc pas de droits de l'homme, pas plus que de droits du tatou à trois bandes, ou du gibbon syndactyle que du cheval qui s'attelle ou du bœuf qui se mange. L'homme perdant son privilège d'être à part, à l'image de Dieu, n'a pas plus de droits que tout autre mammifère. L'idée même de droit est une fiction. Il n'y a que des forces. Les droits sont de pures conventions, des transactions entre puissances égales ou inégales ; dès que l'une d'elles cesse d'être assez forte pour que la transaction vaille pour l'autre, le droit cesse. Entre membres d'une société, le droit est ce qui est sanctionné par la force collective. Entre nations, cette garantie de stabilité fait défaut. Il n'y a pas de droit contre la force, car le droit n'est que l'état créé par la force et qu'elle maintient, latente. Tous les hommes sont frères, tous les animaux sont frères, mais être frères n'est pas de nature à empêcher qu'on se mange. Fraternité, soit, mais malheur aux vaincus ! La vie ne se maintient que par la mort. Pour vivre il faut manger, tuer pour manger[6].

La question est de savoir jusqu'à quel point la connaissance du vivant doit fournir des modèles éthiques, sociaux et politiques. En vérité, le vivant n'a jamais cessé d'offrir à la réflexion politique des images et des modèles pour penser la société et les institutions politiques. Inversement, le modèle du politique peut servir à penser l'organisation biologique.

L'intérêt du modèle biologique pour la pensée sociale et politique tient d'abord à certaines analogies facilement repérables : comme l'organisme vivant, la société possède une certaine unité (ethnique, nationale) ; il y a un *corps social*, composé de parties (les classes), de cellules (les individus, ou les familles), commandé par un chef (le mot vient du latin *caput*, qui veut dire « tête »). Surtout, la connaissance du vivant présente un caractère normatif. Biologie et médecine ne se contentent pas de décrire l'anatomie et le fonctionnement des vivants. Elles ont leur mot à dire sur

---

6. Georges Vacher de Lapouge, *L'Aryen, son rôle social*, cours libre de science politique professé à l'université de Montpellier (1889-1890).

les conditions de leur *bon* fonctionnement. Bichat notait qu'en distinguant le normal et le pathologique, biologie et médecine tiennent un discours prescriptif :

> Il y a deux choses dans les phénomènes de la vie : l'état de santé, celui de maladie ; de là deux sciences distinctes, la physiologie [...], la pathologie. L'histoire des phénomènes dans lesquels les forces vitales ont leur type naturel nous mène, comme conséquence, à celle des phénomènes où ces forces sont altérées. Or, dans les sciences physiques, il n'y a que la première histoire[7] ; jamais la seconde ne se trouve[8].

Lorsqu'on parle de *fièvre* ou de *convulsions* sociales, lorsqu'on déplore l'*hémorragie* des élites d'un pays ou la *plaie* du chômage, lorsqu'un premier ministre se plaint que la fonction publique fasse « de la mauvaise *graisse* », ou encore lorsqu'on parle de *fracture sociale*, ce sont autant d'images biomédicales qu'on mobilise pour parler du politique et du social. La santé est une catégorie qui s'applique aux communautés humaines, et non seulement aux individus.

Cette métaphore biologique du social a une très longue histoire, dont on ne viendrait pas rapidement à bout. Elle exigerait une analyse critique de son usage récurrent, une analyse qui en montrerait l'intérêt, mais surtout les limites. Rousseau y a recours pour évoquer le pacte social : « le corps politique, aussi bien que le corps de l'homme » (*Contrat social*, II, 3), mais il juge la « comparaison commune et peu exacte à bien des égards » (article « Économie politique » de *L'Encyclopédie*). Tout au plus l'admet-il comme artifice d'exposition : elle est « propre, dit-il, à me faire mieux entendre ». Il serait dangereux de faire jouer à cette image un rôle plus important, par exemple en lui demandant de fonder en nature tel ou tel modèle social. Du reste, qu'on ait pu convoquer l'image biologique du social à des fins aussi diverses, voire contradictoires, suffirait à la disqualifier : le libéralisme le plus sauvage aussi bien que des idéologies totalitaires ont pu s'en réclamer.

---

7. Sur « histoire », voir chap. 1, 1.2.

8. Xavier Bichat, *Anatomie générale appliquée à la physiologie et à la médecine*, 1801.

On voit assez tout ce qui sépare, dans les faits, un corps organique et une société, ne serait-ce que dans la dimension. Ce qu'on voit moins, en revanche, c'est la fonction idéologique, au sens que Marx donne à ce mot, qu'assume le plus souvent l'image biologique du social. On connaît la fable des membres et de l'estomac que La Fontaine a reprise de Tite-Live (*Fables*, III, 2) : Ménénius Agrippa l'aurait racontée à la plèbe qui avait fait sécession. Lassés de nourrir l'estomac et l'accusant de manger sans jamais rien faire, les membres décident de cesser toute activité. Il ne leur faut pas longtemps pour dépérir et s'aviser de l'utilité d'un organe dont ils avaient précipitamment cru pouvoir se passer. Il est significatif que La Fontaine reproduise cet apologue à des fins de justification de la monarchie (« Ceci peut s'appliquer à la grandeur royale »). Mais ce cas précis permet justement de voir à quel point l'image est ambiguë et propre à tous les usages. Car, à l'évidence, elle fonctionne ici surtout comme principe de justification de l'autorité et fonde l'exigence de soumission. C'est d'ailleurs ce qui arrive le plus souvent : dans la bouche du politique, la référence à la métaphore biologique a presque toujours valeur d'appel au consensus, à l'oubli des divisions, au dépassement des conflits. Elle couvre par là même une dénégation de ces conflits et sert les classes dominantes en occultant la réalité de la lutte qui les oppose aux exploités ou aux opprimés. Mais en même temps, dans la fable de la Fontaine, l'apologue revêt une signification bien différente. En disant de « la grandeur royale » qu'elle dispense au peuple — en protection, subventions, administration — la contrepartie de la soumission qu'il lui consent, bref qu'« elle reçoit et donne, et la chose est égale », La Fontaine introduit une idée assez peu monarchique : l'idée d'un contrat. À la plus belle époque de la monarchie absolue de droit divin, il écrit noir sur blanc que l'autorité du Roi-Soleil sur le peuple n'est légitimée que par les services qu'il lui rend !

D'une manière générale, il convient de se méfier de toute justification d'un ordre social ou politique au nom de sa prétendue conformité à l'ordre naturel. Que cette nature soit celle de l'organisme biologique ou des rapports écologiques des êtres vivants au sein d'un milieu. Car c'est un autre thème récurrent de la pensée politique que la référence écologique. La comparaison des sociétés humaines à des milieux naturels est porteuse d'une ambiguïté semblable à celle qui vient d'être repérée dans la métaphore organiciste. Le milieu naturel, ce peut être l'écosystème où chaque espèce, voire chaque individu tient sa place dans un équilibre fragile (on sait que les animaux *a priori* les moins sympathiques ont leur utilité). Ce peut être aussi bien la jungle, où ne jouent que des rapports de force entre des individus qui ne cherchent que leur intérêt égoïste et sont prêts à tuer si cela leur permet de survivre. Transposé à la politique, le modèle de l'écosystème peut justifier aussi bien l'appel à la solidarité que la revendication du libéralisme sauvage.

4. La science et son époque

On voit à quel point il serait imprudent d'imaginer que la biologie — et la science en général — peut se développer indépendamment d'un contexte historique. Les forces sociales, économiques, politiques, les conflits idéologiques ne sont pas indifférents à la science. Les difficultés qu'oppose au darwinisme une tradition religieuse encore forte constituent un cas assez classique de conflit entre science et tradition. Mais les savants ne sont pas toujours des martyrs persécutés par les pouvoirs. L'exploitation des théories sélectionnistes au profit du modèle économique libéral offre l'exemple d'une convergence entre certains résultats scientifiques et des idéologies sociales ou politiques. La biologie s'est plusieurs fois trouvée dans cette situation, par exemple lors de la fameuse affaire Lyssenko, qui montre que la science a à se garder de tous les côtés[9].

Le développement de la science (sa direction, son rythme) profite ou pâtit, selon les cas, des tendances que lui impose le contexte historique au sein duquel il s'accomplit. À l'époque moderne, le mouvement de la colonisation a donné une impulsion très forte aux sciences de la nature. L'entreprise coloniale permettait aux savants de pénétrer dans des territoires nouveaux et d'accéder à des observations d'une richesse sans précé-

9. Sur l'affaire Lyssenko, voir bibliographie.

dent ; mais l'impérialisme européen avait en retour besoin des sciences naturelles pour exploiter les richesses qui s'offraient à lui. C'est aussi de cette époque que datent les premières préoccupations écologiques de protection de l'environnement : les naturalistes qui assistaient au défrichage des terres conquises ne tardèrent pas à en comprendre les conséquences. Dès 1860, on évoquait l'incidence de la déforestation massive sur la composition de l'atmosphère terrestre et l'éventualité de bouleversements climatiques. Les disparitions de l'aurochs en Pologne (1627) et du dodo dans l'île Maurice (1670) ne passèrent pas inaperçues. C'est de la moitié du XIXe siècle que datent les premières grandes législations de protection des espèces animales et la création des réserves.

Aujourd'hui, si remarquable que soit le degré de complexité atteint par la biologie, elle n'évolue pas plus qu'hier dans un espace clos, protégé des influences extérieures. Son orientation analytique et réductionniste, maintes fois soulignée, ne procède pas seulement d'une évolution interne. Elle doit aussi être comprise comme une concession à la volonté moderne de domination technique du monde : en pénétrant dans le sanctuaire de la vie, la biologie moléculaire en a rendu possible la transformation. C'est là, beaucoup plus que dans l'histoire naturelle aujourd'hui laissée pour compte, que résident les espérances techniques les plus évidentes à court terme. La biologie doit satisfaire à une demande de santé publique de plus en plus pressante : on la somme aujourd'hui d'éradiquer des maladies, demain le vieillissement, pourquoi pas la mort ? Mais cette évolution des sciences biologiques crée des déséquilibres qui pourraient s'avérer *techniquement* coûteux à moyen et long terme (la protection de l'environnement a besoin de la taxonomie et de l'écologie autant que de la génétique du développement). Elle n'est pas non plus sans conséquence sur l'image que donnent du vivant ceux qui l'étudient, et pourrait bien créer, pour les biologistes de l'avenir, de nouveaux obstacles épistémologiques.

CONCLUSION

La biologie est encore loin d'une compréhension exhaustive de ce que nous appelons du nom de *vie*. Nul ne peut dire si une théorie intégrale de la vie est même possible. L'unification des phénomènes vivants a néanmoins été atteinte au terme d'un mouvement de descente vers les structures les plus enfouies, donc les plus cachées, des organismes. Les succès de l'entreprise prouvent la pertinence de la méthode, analytique et réductionniste. Cette direction suivie par la biologie moléculaire rappelle la mécanisation cartésienne du vivant, avec la même conséquence : la spécificité du biologique paraît se diluer dans la physicochimie. Du vivant à l'inerte, la différence ne tient qu'à la taille des molécules constitutives. Non aux éléments ultimes qui sont les mêmes partout dans l'univers, des galaxies aux colibacilles, ni aux lois, qui gouvernent toute la matière quelles que soient les formes qu'elle produit.

L'unification du vivant et de l'inerte sous le régime du mécanisme physicochimique, même si elle n'est pas complètement acquise, est sans doute ce dont les biologistes sont aujourd'hui le plus fiers. Ce succès théorique leur paraît plus significatif que les prouesses techniques de la fécondation *in vitro* ou du génie génétique. Il reste néanmoins un point où cette unification a bien du mal à s'accomplir : c'est la question de l'origine de la vie. Aucun modèle satisfaisant n'est aujourd'hui disponible. Peut-être serons-nous éternellement condamnés aux conjectures[1].

À la fin de sa monumentale *Histoire de la notion de vie*, André Pichot pose la question fondamentale : « Y a-t-il une spécificité de l'être vivant qui ne soit pas un caractère physicochimique, ni cependant une force vitale plus ou moins surnaturelle[2] ? » S'interrogeant sur sa tendance exclusivement réductionniste, André Pichot déplore « cette singulière perversion de la biologie qui consiste à lui donner pour fin la négation de

---

1. Sur ce problème, voir le bilan dressé par François Gros : *Regard sur la biologie contemporaine*, Paris, Gallimard, coll. « Folio Essais », 1995, chap. IV.
2. *Histoire de la notion de vie*, *op. cit.*, p. 940.

son objet et, par conséquent, d'elle-même en tant que science autonome ». Il est vrai qu'on explique aujourd'hui « la vie sans la vie », comme dit Jean Rostand. Mais faut-il se lamenter de cette situation ? Peut-on parler de « perversion de la biologie » sans s'installer dans un cercle en imposant *a priori* à la connaissance du vivant ce qui n'est peut-être qu'un présupposé arbitraire, à savoir justement la spécificité ontologique de son objet ? Certes, la figure que prend une science à tel stade de son développement ne saurait être regardée comme l'état définitif du savoir, et il n'est pas défendu de voir dans la tendance analytique et réductionniste actuelle un moment transitoire dans l'évolution des sciences biologiques. Mais il se pourrait aussi que la singularité et l'originalité du vivant, qui s'imposent à l'esprit avec tant de force, soient davantage un effet du regard humain qu'un fait objectif. Georges Canguilhem disait que « l'intelligence ne peut s'appliquer à la vie qu'en reconnaissant l'originalité de la vie. La pensée du vivant doit tenir du vivant l'idée du vivant[3] ». Cet avertissement vaut comme principe méthodologique, mais il serait sans doute imprudent de lui conférer une portée métaphysique. Laissons au pape l'affirmation selon laquelle il y aurait un « mystère de la vie ». Mais le refus de conférer à la vie un statut métaphysique spécial n'empêche pas de reconnaître qu'elle oppose à l'esprit humain une collection d'énigmes qui mettent sa patience et son ingéniosité à rude épreuve. Nombre de ces énigmes sont aujourd'hui résolues. Davantage sont sans doute encore devant nous.

3. *La Connaissance de la vie*, Paris, Vrin, 1965, introduction, p. 13.

BIBLIOGRAPHIE

1. Quelques grands classiques de l'histoire naturelle et des sciences du vivant

ARISTOTE, *Histoire des animaux, Les parties des animaux, De la génération des animaux, Marche des animaux, Mouvements des animaux, De la jeunesse et de la vieillesse et de la vie et de la mort et de la respiration,* in *Petits traités d'histoire naturelle* ; traité *De l'âme.*

BERNARD Claude, *Introduction à l'étude de la médecine expérimentale, De la physiologie générale,* mais surtout *Leçons sur les phénomènes de la vie communs aux animaux et aux végétaux* (1878).

BICHAT Xavier, *Recherches physiologiques sur la vie et la mort, et autres textes*, GF-Flammarion, présentation, notes, bibliographie par André Pichot.

BONNET Charles, *Considérations sur les corps organisés,* Paris, Fayard, 1948.

BUFFON, *Histoire Naturelle*, choix de textes par Jean Varloot, Paris, Gallimard, coll. « Folio-Essais », 1984.

CUVIER Georges, *Discours sur les révolutions de la surface du globe,* Paris, Christian Bourgois, coll. « Épistémè », 1985 ; *Recherches sur les ossements fossiles des quadrupèdes*, Paris, GF-Flammarion, introduction et notes par Pierre Pellegrin, 1992.

D'ARCY THOMPSON, *Forme et croissance,* réédition Paris, Seuil-CNRS, 1994. Borne majeure de la littérature biologique.

DARWIN Charles, autobiographie publiée sous le titre : *La Vie d'un naturaliste à l'époque victorienne*, Paris, Belin, 1985 ; *Voyage d'un naturaliste autour du monde*, Paris, La Découverte, 1982 ; *De l'origine des espèces*, Paris, GF-Flammarion, traduction de E. Barbier (revue, introduction et notes par Jean-Marc Drouin) ; *Théorie de l'évolution,* choix de textes par Yvette Conry, Paris, PUF, 1969, coll. « Sup » : petit choix de textes très utile.

De Maillet Benoît, *Telliamed,* Paris, Fayard, coll. « Corpus des œuvres de philosophie en langue française », 1984.

Geoffroy Saint-Hilaire Étienne, *Principes de philosophie zoologique.*

Harvey William, *La Circulation du sang* : sous ce titre sont réunis plusieurs traités de Harvey, traduits par Charles Richet, Genève, Alliance culturelle du livre, 1962.

Kimura Motoo, *Théorie neutraliste de l'évolution,* Paris, Flammarion, 1990.

Lamarck Jean-Baptiste de, *Philosophie zoologique*, Paris, GF-Flammarion, introduction et notes par André Pichot ; *Recherches sur l'organisation des corps vivants,* Paris, Fayard, 1986. Un petit volume de *Pages choisies*, aux Éditions Sociales, Paris, (Messidor, coll. « Les Classiques du peuple », 1957, présentation de Lucien Brunelle) peut s'avérer très utile.

Linné Carl von, *L'Équilibre de la nature*, Paris, Vrin, 1972.

Lorenz Konrad, *L'Agression*, 1969, Paris, coll. « Champs-Flammarion », 1977.

Maupertuis Pierre de, *Vénus physique,* Paris, Aubier-Montaigne, 1980 ; *Système de la nature,* Paris, Vrin, 1984.

Paracelse, *Œuvres médicales choisies,* traduites et présentées par Bernard Gorceix, Paris, PUF, 1968.

Pasteur Louis, *Écrits scientifiques et médicaux*, Paris, GF-Flammarion, textes choisis et présentés par André Pichot.

Wilson Édouard O., *L'Humaine nature. Essai de sociobiologie*, Paris, Stock, 1979.

2. Histoire de la biologie

Baccou Robert, *Hippocrate, médecin d'hier et d'aujourd'hui,* Paris, Seghers, 1970.

Barthélémy-Madaule Madeleine, *Lamarck, ou le mythe du précurseur,* Paris, Seuil, 1979.

Blunt Wilfrid, *Linné, le prince des botanistes,* Paris, Belin, 1986.

BOWLBY J., *Charles Darwin, une nouvelle biographie*, Paris, PUF, coll. « Perspectives critiques », 1995.

CANGUILHEM Georges, *Études d'histoire et de philosophie des sciences,* Paris, Vrin, 1975 ; *La Formation du concept de réflexe aux* XVII*e* *et* XVIII*e* *siècles*, Paris, PUF, 1955 ; *Du développement à l'évolution au* XIX*e* *siècle*, Paris, PUF, 1985 ; *Idéologie et rationalité dans l'histoire des sciences de la vie,* Paris, Vrin, 1977. Ici encore, de très grands classiques.

CONRY Yvette, *L'Introduction du darwinisme en France au* XIX*e* *siècle,* Paris, Vrin, 1974.

DELANGE Yves, *Lamarck, sa vie, son œuvre*, Arles, Actes-Sud, 1984.

DEVEREUX Daniel et PELLEGRIN Pierre, *Biologie, logique et métaphysique chez Aristote,* Paris, Éditions du CNRS, 1990.

DUCHESNEAU François, *Genèse de la théorie cellulaire,* Paris, Bellarmin-Vrin, 1987.

FOUCAULT Michel, *Les Mots et les Choses*, Paris, Gallimard, 1966, chap. V et VII : sur la classification ; *Naissance de la clinique*, Paris, PUF, 1963.

GAYON Jean, *Darwin et l'après-Darwin*, Paris, Kimé, 1992.

GRMEK Mirko, *La Première Révolution biologique, réflexions sur la physiologie et la médecine du* XVII*e* *siècle,* 1990 ; *Claude Bernard et la méthode expérimentale,* Paris, Payot, 1991.

GROS François, *Regard sur la biologie contemporaine*, Paris, Gallimard, coll. « Folio-Essais », 1993. Le point sur les connaissances et les tendances les plus récentes.

GUYÉNOT Émile, *Les Sciences de la vie aux* XVII*e* *et* XVIII*e* *siècles, l'idée d'évolution,* Paris, Albin Michel, 1957.

JACOB François, *La Logique du vivant,* Paris, Gallimard, 1970, rééd., coll. « Tel », 1976. Un très grand livre. Incontournable.

JOUANNA Jacques, *Hippocrate*, Paris, Fayard, 1992.

LECOURT Dominique, *Lyssenko, histoire réelle d'une « science prolétarienne »*, Paris, Maspéro, 1976, coll. « Théorie », préface de Louis Althusser.

LENAY Charles, *La Découverte des lois de l'hérédité, une anthologie*, Paris, Pocket, coll. « Agora », 1990 : recueil de textes.

LOUIS Pierre, *La Découverte de la vie, Aristote*, Paris, Hermann, 1975.

MARTINY Marcel, *Hippocrate et la médecine*, Paris, Fayard, 1964.

MAYR Ernst, *Histoire de la biologie. Diversité, évolution et hérédité*, Paris, Le Livre de Poche, 1989, 2 vol. Ce grand livre est plus qu'un exposé historique. Il reprend toutes les grandes problématiques de l'épistémologie des sciences du vivant.

MEDVEDEV Jaurès, *Grandeur et chute de Lyssenko*, Paris, Gallimard, 1971.

MORANGE Michel, *Histoire de la biologie moléculaire*, Paris, La Découverte, 1990.

OREL Vitezlav et ARMOGATHE Jean-Robert, *Mendel, un inconnu célèbre*, trad. F. Robert, Paris, Belin, 1985.

PELLEGRIN Pierre, *La Classification des animaux chez Aristote*, Paris, Les Belles Lettres, 1982.

PICHOT André, *Histoire de la notion de vie*, Paris, Gallimard, coll. « Tel », 1993. Un grand livre, érudit et intelligent. Les extraits de textes, nombreux et substantiels, en font un instrument de travail précieux. Quelquefois très discutable, voire partial, mais toujours suggestif.

PIQUEMAL Jacques, *Essais et leçons d'histoire de la médecine et de la biologie*, Paris, PUF, 1993.

PROCHIANTZ Alain, *Claude Bernard, la révolution physiologique*, Paris, PUF, coll. « Philosophies », 1990.

ROGER Jacques, *Buffon*, Paris, Fayard, 1989.

ROSTAND Jean, *Esquisse d'une histoire de la biologie*, Paris, Gallimard, 1945.

TORT Patrick, *Darwin et le darwinisme*, Paris, PUF, coll. « Quadrige », 1997.

WATSON James D., *La Double Hélice*, Paris, coll. Poche-Pluriel, 1968. La découverte de la structure de l'ADN (la fameuse « double hélice ») par ceux qui l'ont faite.

3. Épistémologie de la biologie

ATLAN Henri, *L'Organisation biologique et la théorie de l'information,* Paris, Hermann, 1972 ; *Entre le cristal et la fumée, essais sur l'organisation du vivant,* Paris, Seuil, 1972.

BACHELARD Gaston, *Lautréamont*, 1939 ; *La Formation de l'esprit scientifique,* Paris, Vrin, 1972 : en particulier les chap. VIII et IX.

CANGUILHEM Georges, *La Connaissance de la vie,* Paris, Vrin, 1965 ; *Le Normal et le pathologique*, Paris, PUF, 1966. De grands classiques de l'épistémologie biologique.

DAGOGNET François, *Philosophie biologique*, Paris, PUF, 1954.

DUCHESNEAU François, *Philosophie de la biologie,* Paris, PUF, 1997. Exposé très actuel des problèmes les plus classiques.

FAGOT-LARGEAULT Anne, « Le vivant », in *Notions de philosophie,* sous la direction de Denis Kambouchner, Paris, Gallimard, coll. « Folio-Essais », 1995, tome 1.

GILSON Étienne, *D'Aristote à Darwin et retour. Essais sur quelques constantes de la biophilosophie*, Paris, Vrin, 1971. Réflexion critique sur le darwinisme.

JACOB François, *Le Jeu des possibles*, Paris, Fayard, 1981, rééd. dans Le Livre de Poche.

KAHANE Ernest, *La Vie n'existe pas,* Paris, Éditions rationalistes, 1962. Petit livre déjà ancien mais très suggestif.

KLEIN Marc, *Regards d'un biologiste,* Paris, Hermann, 1980.

MONOD Jacques, *Le Hasard et la nécessité*, 1970, Paris, Seuil, coll. « Points Sciences », 1973. Encore un grand classique, qui pousse la réflexion épistémologique au-delà des questions biologiques.

MORIN Edgar, *La Méthode,* t. 2. « La vie de la vie », Paris, Seuil, 1980.

PRIGOGINE Ylya et STENGERS Isabelle, *La Nouvelle Alliance,* Paris, Gallimard, 1979.

REICHOLF Josef, *L'Émancipation de la vie*, Paris, Flammarion, coll. « Champs », 1997.

ROSTAND Jean et TÉTRY A., *La Vie*, Paris, Larousse, 1962.

ROSTAND Jean, *La Vie et ses problèmes*, Paris, Flammarion, 1930.

RUFFIÉ Jacques, *Traité du vivant*, Paris, Fayard, 1982 ; rééd. coll. « Champs-Flammarion », 2 vol.

RUYER Raymond, *Néo-finalisme*, Paris, PUF, 1952 ; *La Genèse des formes vivantes*, Paris, Flammarion, 1958. Critique du point de vue mécaniste en biologie.

SCHRÖDINGER ERWIN, *Qu'est-ce que la vie ?*, (1944), Paris, Seuil, coll. « Points Sciences ». Un classique de l'épistémologie biologie, par un grand physicien.

STENGERS Isabelle, *La Biologie entre la physique et l'histoire*, Publications de la faculté de philosophie de Liège, 1982.

KAPLAN Francis, *Le Paradoxe de la vie. La biologie entre Dieu et Darwin*, Paris, La Découverte, 1995. Exposé détaillé de la question de la finalité en biologie. Les positions (anti darwiniennes) ne tiennent guère compte des données les plus récentes en évolution et en biologie moléculaire.

4. Évolution et origine de la vie

DENTON Michael, *Évolution, une théorie en crise*, Paris, Flammarion, 1992, coll. « Champs ». Un classique de la littérature critique du darwinisme.

DROUIN Jean-Marc et LENAY Charles, *Théories de l'évolution, aspects historiques*, Paris, Pocket, coll. « Agora », 1990. Recueil de textes.

FISCHER Jean-Louis, *La Naissance de la vie, une anthologie*, Paris, Pocket, coll. « Agora », 1991, Recueil de textes.

JAY GOULD Stephen est l'auteur de plusieurs livres et recueils d'articles sur l'histoire naturelle. Les questions relatives à la théorie de l'évolution y tiennent une large place, mais l'auteur est un esprit encyclopédique, qui réfléchit sur une multitude de problèmes posés par la connaissance de la vie. *Darwin et les grandes énigmes de la vie*, 1984 ; *Le Sourire du flamant rose*, Paris, Seuil, 1988 ; *La Vie est belle*, Seuil, 1991 ; *Quand les poules auront des dents,* Paris, Seuil, 1991 ; *La Foire aux dinosaures,* Seuil, 1993 ; *Comme les huit doigts de la main,* Paris, Seuil, 1996 ; *Le Pouce du panda,* 1986 ; *Un hérisson dans la tempête,* 1994, Paris, Le Livre de Poche, etc.

L'Évolution sous la direction de P. BLANDIN, Paris, Bordas et Museum national d'histoire naturelle, 1996. Un petit ouvrage d'initiation, mais très bien fait.

OSTOLAZA Julio Fernandez et MORENO BERGARECHE Alvaro, *La Vie artificielle,* Paris, Seuil, coll. « Science ouverte », 1996.

ROSTAND Jean, *L'Évolution des espèces, histoire des idées transformistes,* Paris, Hachette, 1932.

TINTANT Henri et DEVILLERS Charles, *Questions sur la théorie de l'évolution,* Paris, PUF, 1996. Ouvrage de référence, très accessible et didactique, mais qui ne prend pas en compte certains des développements les plus récents de la génétique.

TORT Patrick (sous la dir.), *Dictionnaire du darwinisme et de l'évolution,* 3 vol. Paris, PUF. Une somme monumentale. Tout y est. Un ouvrage de référence, ce qui ne veut pas dire qu'il accède à une absolue neutralité dans la présentation des questions.

TORT Patrick (sous la dir.), *Pour Darwin*, Paris, PUF, 1997.

5. Le cerveau et la pensée, la matière et l'esprit

CHANGEUX Jean-Pierre, *L'Homme neuronal,* Paris, Fayard, 1983 ; rééd. Hachette, coll. « Pluriel ». Le grand classique français de vulgarisation scientifique sur la question. Changeux défend un point de vue nettement réductionniste, qu'on peut même taxer de scientiste.

DEBRU Claude, *Neurophysiologie du rêve*, Paris, Hermann, 1990. Un grand livre sur la conscience et le cerveau, à partir du problème du rêve.

DESCOMBES Vincent, *La Denrée mentale,* Paris, Minuit, 1995. Contre un certain réductionnisme, Descombes soutient que l'esprit consiste davantage dans l'extériorité de signes circulant entre les individus, que dans l'intériorité.

ECCLES J.-C., *Évolution du cerveau et création de la conscience,* Paris, Fayard, 1992 ; rééd., coll. « Champs-Flammarion », 1994. Prix Nobel de médecine pour ses travaux sur la synapse, Eccles soutient un point de vue dualiste peu banal chez les neurobiologistes.

EDELMAN G.M., *Biologie de la conscience,* Paris, Odile Jacob, 1992. Autre classique. Une théorie de la conscience à partir du modèle de la sélection naturelle darwinienne appliqué au cerveau.

MISSA Jean-Noël, *L'Esprit-cerveau, la philosophie de l'esprit à la lumière des neuro-sciences,* Paris, Vrin, 1993. Mise en perspective des thèmes principaux et des apports scientifiques et philosophiques dans la question cerveau/esprit.

PENROSE Roger, *L'Esprit, l'ordinateur et les lois de la physique,* Paris, Inter-Éditions, 1992. Une tentative (audacieuse !) de compréhension des faits de conscience à partir des propriétés quantiques de la matière. Passionnant mais difficile.

SEARLE John, *La Redécouverte de l'esprit,* Paris, Gallimard, 1995.

VINCENT Jean-Didier, *Biologie des passions,* Paris, Seuil, 1993. Un classique, d'accès aisé.

6. Biologie et société

ARNOULD Jacques, *Darwin, Teilhard de Chardin et compagnie. L'Église et l'évolution,* Paris, Desclée de Brouwer, 1996 ; *Les Créationnistes,* Paris, Cerf, 1996.

BOURGUIGNON André, *L'Homme imprévu. Histoire naturelle de l'homme,* Paris, PUF.

BURGAT Florence, *Animal, mon prochain,* Paris, Odile Jacob, 1994.

CHANGEUX Jean-Pierre (sous la dir.), *Fondement naturels de l'éthique,* Paris, Odile Jacob, 1993. En quoi la biologie peut contribuer à penser la morale.

DROUIN Jean-Marc, *L'Écologie et son histoire,* Paris, Flammarion, coll. « Champs ».

JAISSON Pierre, *La Fourmi et le sociobiologiste*, Paris, Odile Jacob, 1993.

JAY GOULD Stephen, *La Mal-mesure de l'homme,* Paris, Le Livre de Poche, « Biblio-Essais », 1986. Livre passionnant, qui relate l'histoire des innombrables tentatives pour mesurer les performances (intellectuelles le plus souvent) de l'être humain, et des idéologies qu'elles ont engendrées ou servies.

KEVLES Daniel J., *Au nom de l'eugénisme. Génétique et politique dans le monde anglo-saxon,* Paris, PUF, 1995.

LECOURT Dominique, *L'Amérique entre la Bible et Darwin,* Paris, PUF, 1992.

POIS R.A., *La Religion de la nature et le national-socialisme,* Paris, Cerf, 1993.

SERRES Michel, *Le Contrat naturel,* Paris, Grasset, 1995.

SIMONDON Gilbert, *L'Individu et sa genèse physico-biologique,* Paris, PUF, 1964.

STERNHELL Zeev, « Anthropologie et politique : les avatars du darwinisme social au tournant du siècle », in *L'Allemagne nazie et le génocide juif,* Colloque de l'École des hautes études en sciences sociales, Paris, Gallimard-Seuil, 1985.

TORT Patrick (sous la dir.), *Darwinisme et société,* Paris, PUF, 1992.

TORT Patrick, *Misère de la sociobiologie*, Paris, PUF, 1985.

7. Écologie

FERRY Luc, *Le Nouvel Ordre écologique,* Paris, Grasset, 1992.

LARRÈRE Catherine et Raphaël, *Du bon usage de la nature,* Paris, Aubier, 1997.

LARRÈRE Catherine, *Les Philosophies de l'environnement*, Paris, PUF, 1997.

8. Bioéthique

BERNARD Jean, *La Bioéthique*, Paris, Flammarion, coll. « Dominos », une présentation très sucinte ; *De la biologie à l'éthique*, Paris, Buchet-Chastel.

DAGOGNET François, *La Maîtrise du vivant,* Paris, Hachette, 1988.

KAHN Axel et ROUSSET Dominique, *La Médecine du XXIe siècle, des gènes et des hommes,* Paris, Bayard Éditions, 1996.

LECOURT Dominique, *Prométhée, Faust, Frankenstein. Fondements imaginaires de l'éthique,* Les empêcheurs de penser en rond. Sur les critères d'évaluation de la bioéthique. Une salutaire mise en garde contre un usage obscurantiste de certains mythes, utilisés comme repoussoirs.

QUÉRÉ France, *L'Éthique et la vie,* Paris, Odile Jacob, 1995.

SEVE Lucien, *Pour une critique de la raison bioéthique,* Paris, Odile Jacob, 1994. Une réflexion philosophique minutieuse sur les concepts et les problèmes fondamentaux de la bioéthique.

TESTART Jacques, *L'Œuf transparent, Le désir du gène,* Paris, Flammarion, coll. « Champs », 1986.

9. Philosophie classique, rappel de quelques grands titres

ARISTOTE, *Histoire des animaux, Des parties des animaux, De l'Âme* (livres I et II), trad. Tricot, Paris, Vrin.

BERGSON Henri, *L'Évolution créatrice*, en particulier le premier chapitre.

COMTE Auguste, *Cours de philosophie positive*, leçons XL à XLV.

COURNOT Antoine, *Matérialisme, vitalisme, rationnalisme,* Paris, Vrin.

DESCARTES René, *Discours de la méthode,* Cinquième Partie ; *Traité de l'homme* ; *Premières pensées sur la génération des animaux.*

DIDEROT Denis, *Le Rêve de d'Alembert, Entretien avec d'Alembert, Lettre sur les aveugles, Pensées sur l'interprétation de la nature.*

KANT Emmanuel, *Critique de la faculté de juger.*

PLATON, *Timée.*

LA METTRIE Julien Offray de, *L'Homme-machine.*

SCHOPENHAUER Arthur, *Métaphysique de l'amour, De la volonté dans la nature.*

SPINOZA, *Éthique,* première partie, appendice.

10. Quelques ouvrages classiques de biologie, accessibles à un public cultivé, mais non spécialiste

Atlas de biologie, Paris, Le Livre de Poche. Complet mais succinct.

CAMPBELL A., *Biologie*, Bruxelles, De Bœck Université, 1 266 pages.

PURVES W.K., *et alii*, *Le Monde du vivant. Traité de biologie*, Paris, Flammarion, 1 248 pages.

11. Collections de vulgarisation

Penser aux très nombreux volumes consacrés aux sciences du vivant et à leurs implications éthiques ou sociales par d'excellentes collections de vulgarisation : « Que sais-je ? » aux Presses universitaires de France, « Dominos » chez Flammarion, ou « Découvertes » chez Gallimard.

12. Revues

Celui qui veut se tenir informé des plus récents développements de la recherche dans les sciences du vivant, où les choses vont quelquefois très vite, ne peut se dispenser de la lecture des deux grandes revues de vulgarisation en langue française : *La Recherche* et *Pour la science* (version française de *Scientific American*). La science ne peut en aucun cas dicter une philosophie, mais inversement, aucune philosophie ne peut s'élaborer dans l'ignorance de la science qui se fait.

INDEX

www.ingramcontent.com/pod-product-compliance
Lightning Source LLC
LaVergne TN
LVHW051357061026
849535LV00009B/3229
* 9 7 8 2 2 0 0 3 4 4 7 2 6 *